小学2年生の計算

がんばるみんなのための
ちいかわドリル

キャラクター しょうかい

ちいかわ

なんか 小さくて かわいい やつ。
ちょっぴり なき虫。
草むしりや とうばつを して
生活(せいかつ)して いる。

ハチワレ

明(あか)るくて 元気(げんき)。
ときどき 毛玉(けだま)を はく。
ギターを ひきながら
歌(うた)うのが とくい。

うさぎ

こわい もの 知(し)らず。
「ウラ」「ヤハ」と 声(こえ)を 出す。
プリンの 上で
すべるのが とくい。

モモンガ

まわりを こまらせる ことが 多い。
わざと ないて かわいこぶる
ことが ある。

くりまんじゅう

おさけと おつまみが すき。
おいしい ものを 食べると
「ハーッ」と いきを はく。

ラッコ

ちいかわたちの あこがれ。
とうばつランキングで
トップに かがやく ランカー。

よろいさん たち

もの作りが とくいな よろいさんや,
しごとを しょうかいする
よろいさんなどが いる。

シーサー

ラーメンやで はたらいて いる。
ラーメンの よろいさんを
「おししょう」と よぶ。

パジャマパーティーズ

パジャマを きて いる グループ。
「ウ ウ・ワ・ワ ウワッ」と
歌って おどる。

いろいろな こわい やつ

とつぜん 出て きて おそって くる。とうばつを して やっつけたり する。

このドリルについて

① 1回10分でできるからやりきれる!!

表と裏で10分で
取り組めるようにしてあります。
短い時間でできるから，
集中力が続きます。
途中のごほうびページで
モチベーションも
アップします。

▲ちいかわまめちしき つき！

② おうちの方と丸をつける！

問題が解けたら，丸つけをしてください。
アドバイスがあるから，おうちの方にも
わかりやすくなっています。

③ かわいいシールでやる気が出る！

丸つけが終わったら，
裏表紙の「たっせいするぞシート」にシールを貼りましょう。
あまったシールは自由に使ってください。

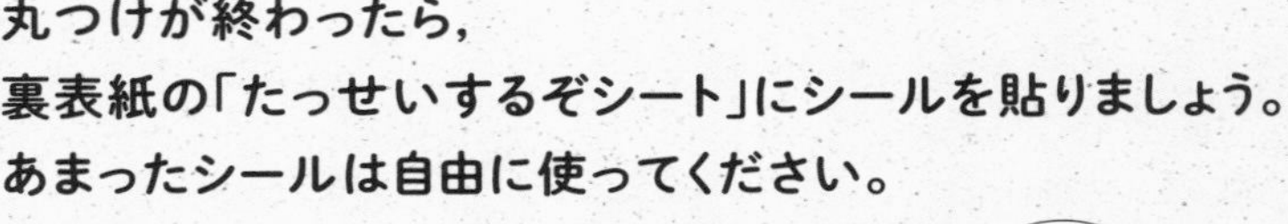

月　日

10分

とく点

点

1 たし算の ひっ算①

1 43＋15の 計算(けいさん)を ひっ算で します。□に あてはまる 数(かず)を 書(か)きましょう。 【25点】

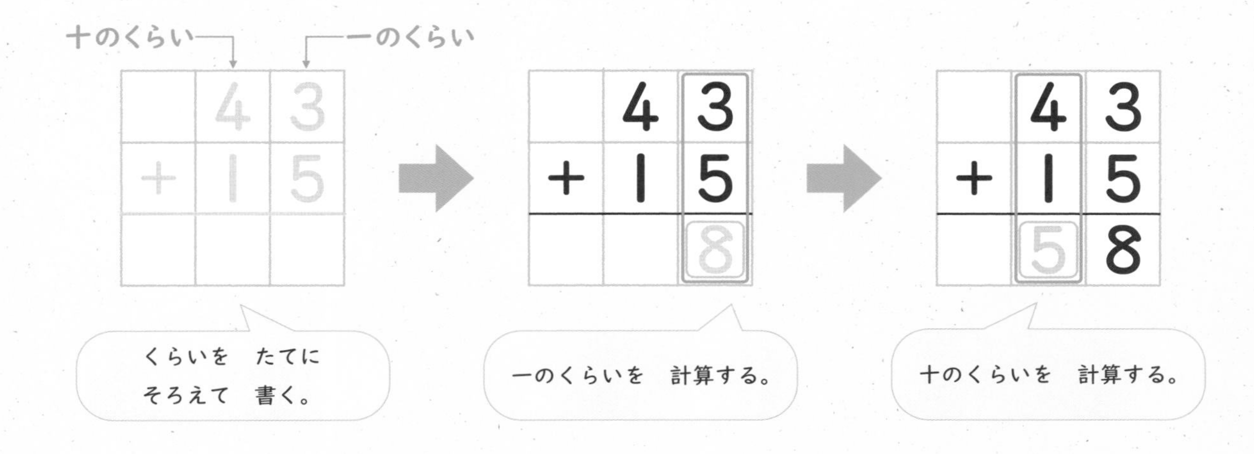

2 つぎの 計算を しましょう。 1つ5点【25点】

①

	5	4
＋	2	4

②

	5	1
＋	4	5

③

	6	6
＋	2	1

④

	1	3
＋	7	2

⑤

	2	5
＋		4

3 つぎの　計算を　しましょう。

1つ5点【25点】

① $\begin{array}{r} 56 \\ +\ 23 \\ \hline \end{array}$

② $\begin{array}{r} 61 \\ +\ 37 \\ \hline \end{array}$

③ $\begin{array}{r} 75 \\ +\ 12 \\ \hline \end{array}$

④ $\begin{array}{r} 13 \\ +\ 54 \\ \hline \end{array}$

⑤ $\begin{array}{r} 7 \\ +\ 42 \\ \hline \end{array}$

4 つぎの　計算を　ひっ算で　しましょう。

1つ5点【25点】

① 12＋16

	1	2
＋	1	6

② 28＋41

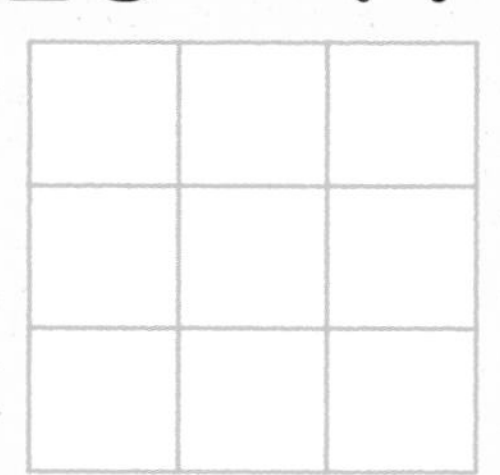

③ 34＋23

④ 85＋4

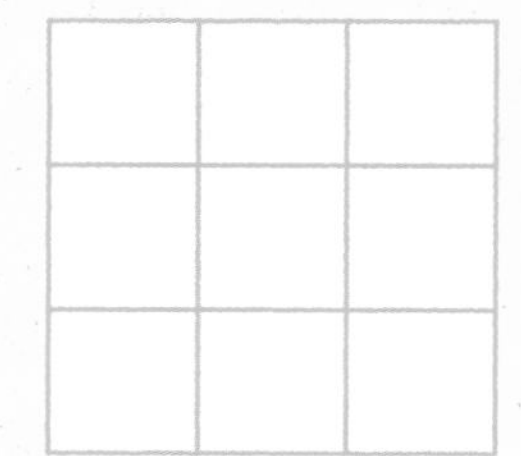

⑤ 5＋92

ポシェットの　よろいさんが　作る　おべんとうは　かわいい。

答え→73ページ

2 たし算の ひっ算②

10分

月 日

とく点 点

1 37＋25の 計算(けいさん)を ひっ算で します。□に あてはまる 数(かず)を 書(か)きましょう。【25点】

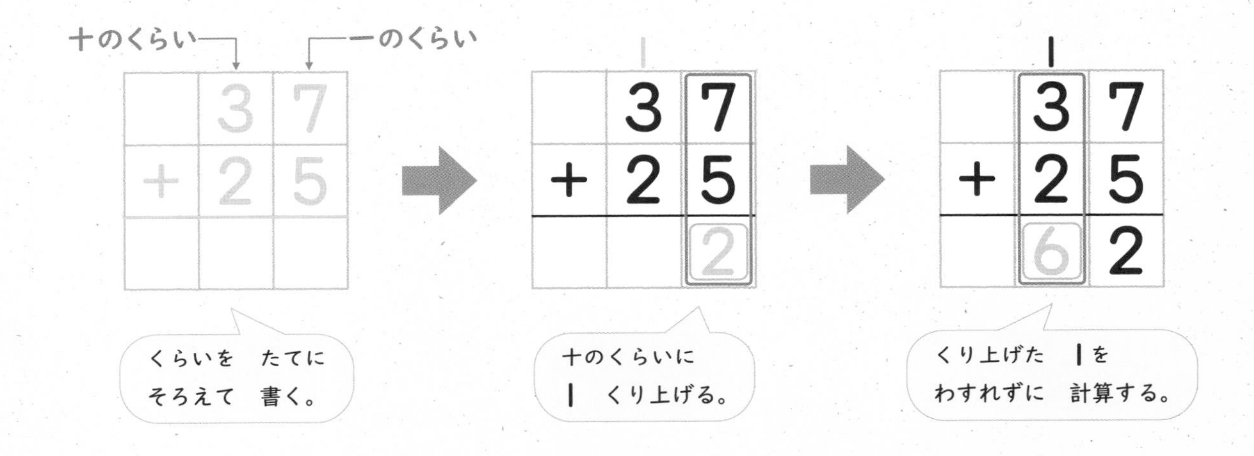

2 つぎの 計算を しましょう。 1つ5点【25点】

①
	4	6
＋	2	9

②
	2	1
＋	7	0

③
	5	3
＋	1	7

④
	6	6
＋		8

⑤
		9
＋	5	1

3 つぎの　計算(けいさん)を　しましょう。

1つ5点【25点】

① 23 + 48

	2	3
+	4	8

② 19 + 50

	1	9
+	5	0

③ 65 + 25

	6	5
+	2	5

④ 47 + 4

	4	7
+		4

⑤ 6 + 79

		6
+	7	9

4 つぎの　計算を　ひっ算で　しましょう。

1つ5点【25点】

① 56 + 35

	5	6
+	3	5

② 28 + 40

③ 16 + 64

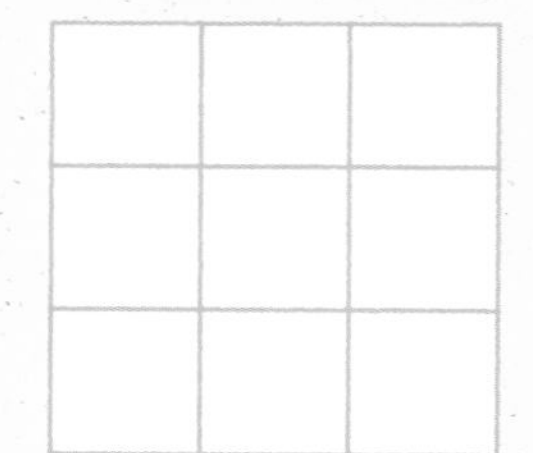

④ 37 + 7

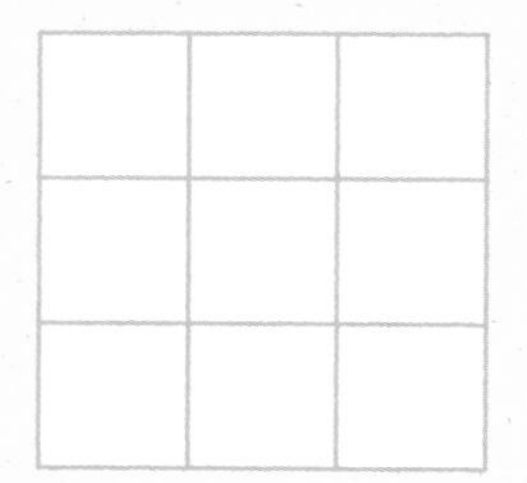

⑤ 8 + 73

ちいかわは　家(いえ)や　すきやきセットを　けんしょうで　当(あ)てた。

答え→73ページ

3 たし算の ひっ算の れんしゅう①

10分

月　日

とく点　　点

1 つぎの 計算(けいさん)を しましょう。

1つ5点【25点】

①
	4	2
+	2	7

②
		6
+	3	1

③
	6	3
+	1	8

④
	3	8
+	4	2

⑤
	7	5
+		6

2 つぎの 計算を しましょう。

1つ5点【25点】

① $\begin{array}{r} 93 \\ +\ \ 6 \\ \hline \end{array}$

② $\begin{array}{r} 15 \\ +\ 39 \\ \hline \end{array}$

③ $\begin{array}{r} 48 \\ +\ 27 \\ \hline \end{array}$

④ $\begin{array}{r} 56 \\ +\ 20 \\ \hline \end{array}$

⑤ $\begin{array}{r} 7 \\ +\ 75 \\ \hline \end{array}$

3 つぎの　計算（けいさん）を　ひっ算で　しましょう。

1つ5点【25点】

① 33 + 14

② 27 + 48

③ 17 + 60

④ 31 + 9

⑤ 8 + 52

4 ハチワレが　のりの　おもちを 45こ，あんこの　おもちを 26こ　食（た）べました。ぜんぶで 何（なん）こ　食べましたか。

しき15点・答え10点【25点】

しき

答え　　こ

ちいかわたちは，キノコを　食べて　ろうやに　入れられた。

答え→73ページ

ひき算の ひっ算

4 ひき算の ひっ算①

月　日　10分

とく点　　点

1 49－23の 計算(けいさん)を ひっ算で します。□に あてはまる 数(かず)を 書(か)きましょう。【25点】

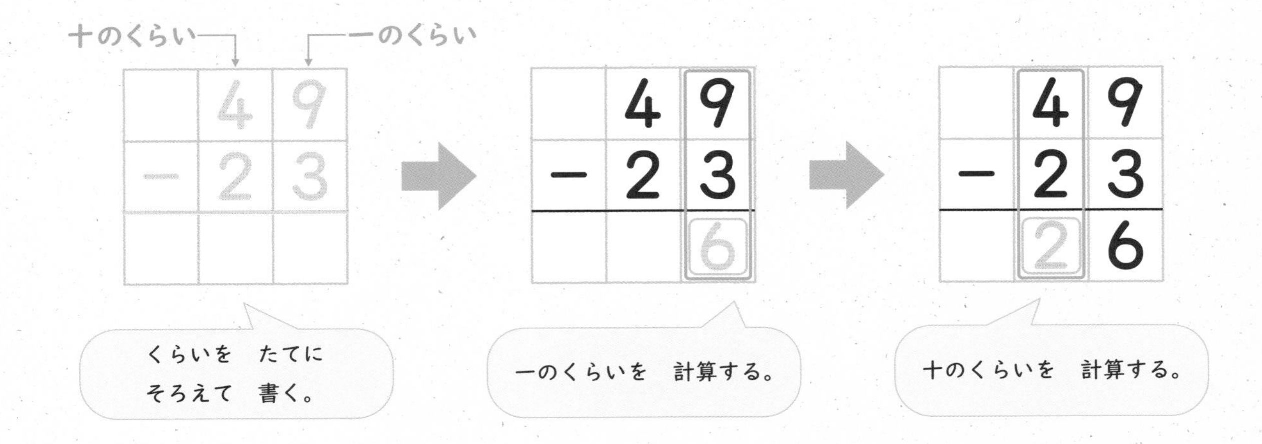

2 つぎの 計算を しましょう。 1つ5点【25点】

① 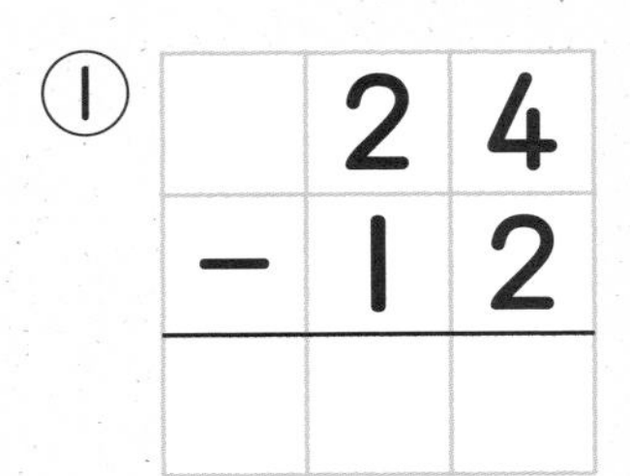

② $67 - 36$

③ $78 - 58$

④ $35 - 31$

⑤ $66 - 6$

3 つぎの 計算(けいさん)を しましょう。

1つ5点【25点】

① $\begin{array}{r} 68 \\ -\ 41 \\ \hline \end{array}$

② $\begin{array}{r} 52 \\ -\ 22 \\ \hline \end{array}$

③ $\begin{array}{r} 83 \\ -\ 80 \\ \hline \end{array}$

④ $\begin{array}{r} 78 \\ -\ \ \ 5 \\ \hline \end{array}$

⑤ $\begin{array}{r} 99 \\ -\ \ \ 9 \\ \hline \end{array}$

4 つぎの 計算を ひっ算で しましょう。

1つ5点【25点】

① 75 − 33

	7	5
−	3	3

② 64 − 14

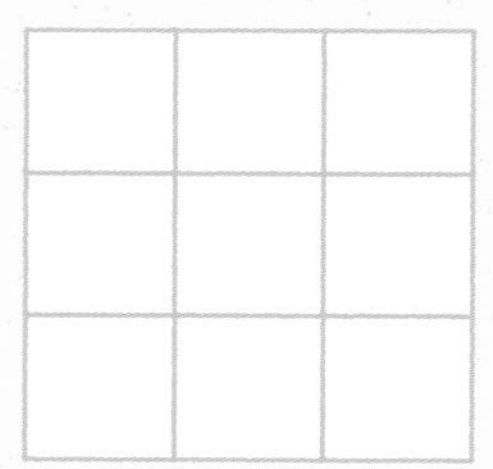

③ 29 − 27

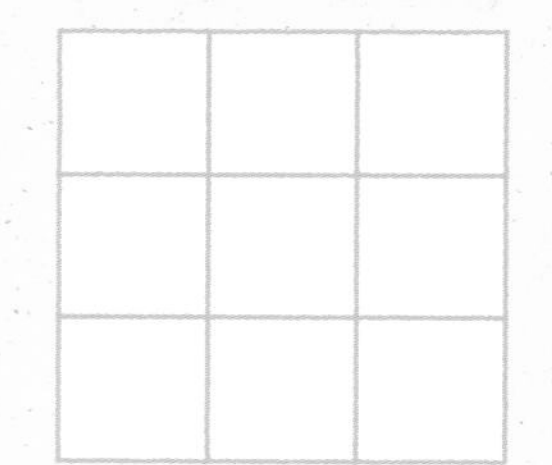

④ 49 − 6

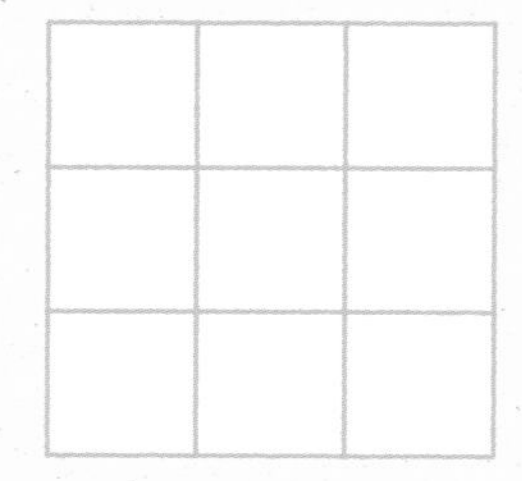

⑤ 77 − 7

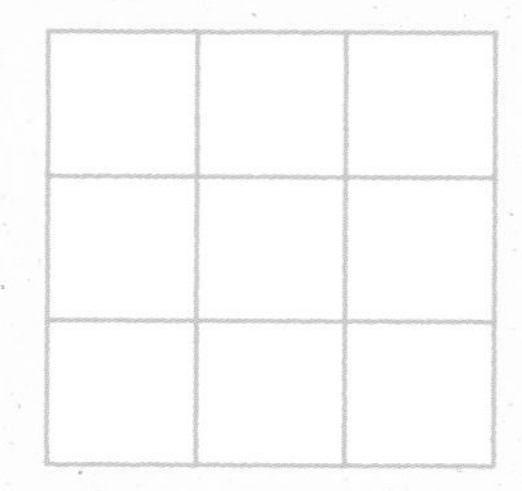

たいた ごはんが むげんに わいて くる ところが ある。

答え→73ページ

5 ひき算の ひっ算②

1 43－18の 計算(けいさん)を ひっ算で します。□に あてはまる 数(かず)を 書(か)きましょう。【25点】

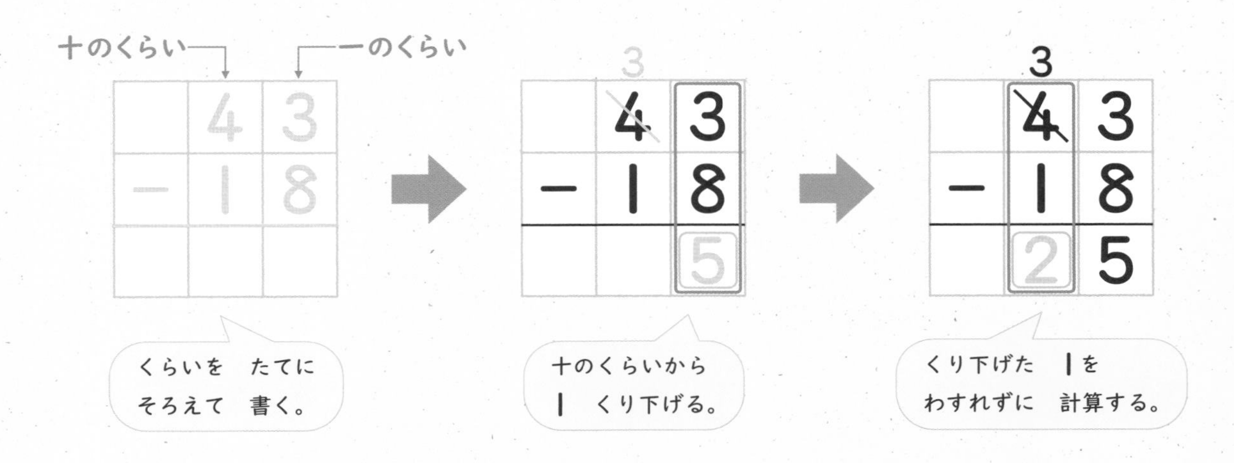

2 つぎの 計算を しましょう。1つ5点【25点】

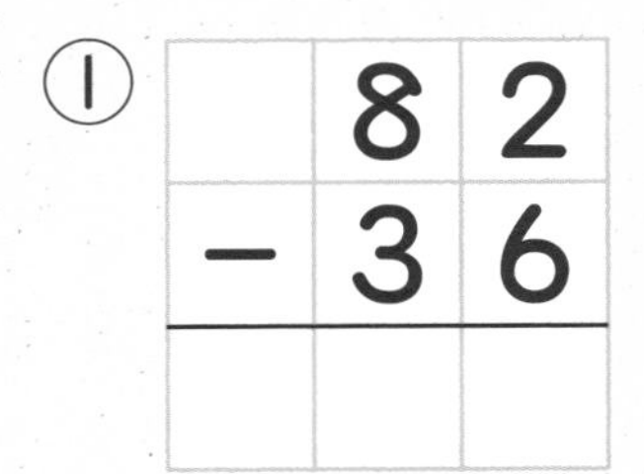

① $82 - 36$

② $40 - 23$

③ $61 - 54$

④ $47 - 9$

⑤ $30 - 2$

3 つぎの　計算を　しましょう。

1つ5点【25点】

①
$$\begin{array}{r} 94 \\ -\ 45 \\ \hline \end{array}$$

②
$$\begin{array}{r} 80 \\ -\ 54 \\ \hline \end{array}$$

③
$$\begin{array}{r} 70 \\ -\ 65 \\ \hline \end{array}$$

④
$$\begin{array}{r} 62 \\ -\ \ 8 \\ \hline \end{array}$$

⑤
$$\begin{array}{r} 50 \\ -\ \ 7 \\ \hline \end{array}$$

4 つぎの　計算を　ひっ算で　しましょう。

1つ5点【25点】

① 71－28

	7	1
－	2	8

② 70－39

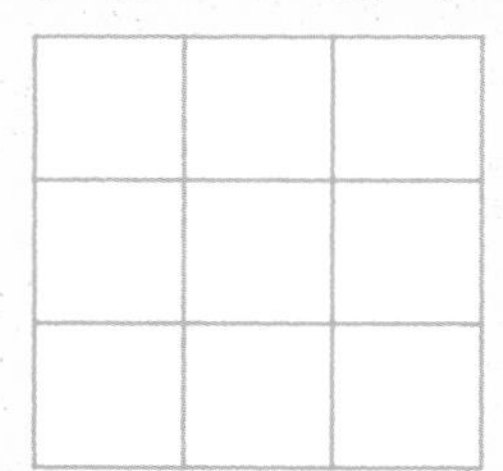

③ 83－76

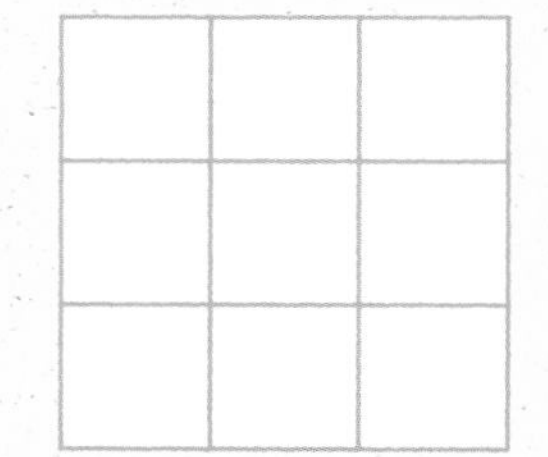

④ 31－6

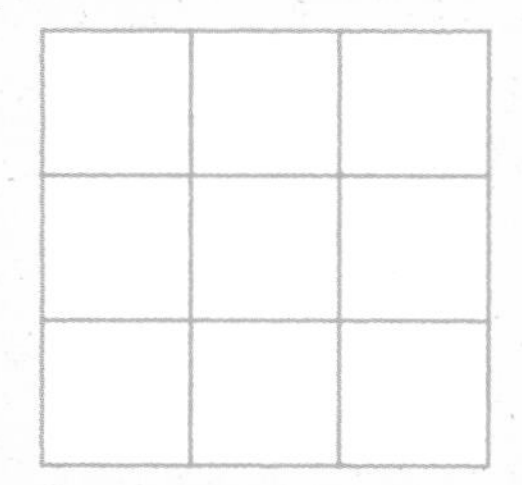

⑤ 60－8

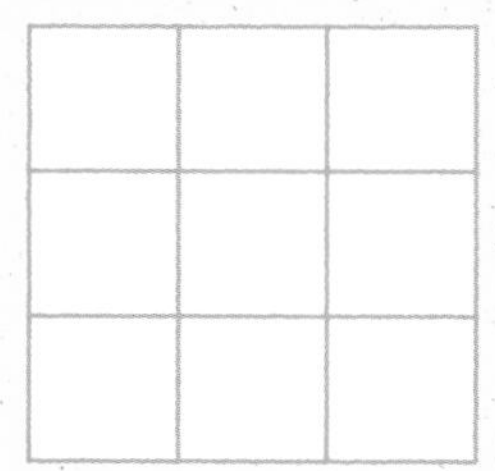

うさぎが　すんで　いる　場しょは　なぞ。

答え→74ページ

月　日

10分

とく点　　点

6 ひき算の ひっ算の れんしゅう①

1 つぎの 計算(けいさん)を しましょう。

1つ5点【25点】

①

	5	6
−	2	4

②

	3	7
−		3

③

	6	3
−	4	7

④

	5	0
−	1	6

⑤

	8	3
−		9

2 つぎの 計算を しましょう。

1つ5点【25点】

① $$\begin{array}{r} 67 \\ -\ 62 \\ \hline \end{array}$$

② $$\begin{array}{r} 44 \\ -\ \ 4 \\ \hline \end{array}$$

③ $$\begin{array}{r} 90 \\ -\ 42 \\ \hline \end{array}$$

④ $$\begin{array}{r} 38 \\ -\ 29 \\ \hline \end{array}$$

⑤ $$\begin{array}{r} 50 \\ -\ \ 3 \\ \hline \end{array}$$

3 つぎの　計算を　ひっ算で　しましょう。

1つ5点【25点】

① 81 − 58

	8	1
−	5	8

② 83 − 43

③ 56 − 29

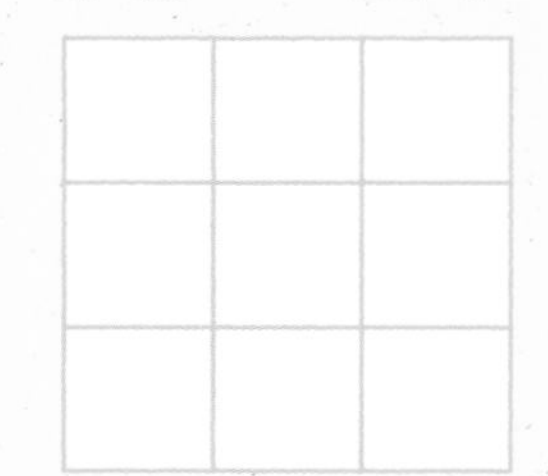

④ 40 − 34

⑤ 74 − 5

4 ちいかわが　とうふを　買いました。30円　はらうと　おつりは　8円でした。とうふの　ねだんは　何円ですか。

しき15点・答え10点【25点】

しき

答え　　　　　　円

ちいかわ まめちしき

シーサーは　ラーメンの　よろいさんの　じょ手。

答え→74ページ

計算めいろと計算パズル

1 計算して　答えが　正しい　ほうを　えらんで，スタートから　ゴールまで　すすみましょう。

2 ①から ⑤と 答えが 同じに なる しきを 見つけて 線で むすび，よこに ある ひらがなを 下の □ に 書きましょう。

①	18＋56		34＋12	ぼ
②	7＋29		56＋18	な
③	16＋40		40＋16	れ
④	12＋34		25＋33	し
⑤	33＋25		29＋7	が

答え→74ページ

7 何十，何百の たし算

月　日

10分

とく点　点

1 50＋60の 計算を します。□に あてはまる 数を 書きましょう。 【20点】

10円玉を つかって 考える。

⑩が 5こと 6こで 11こなので

50＋60＝□　□円

2 200＋500の 計算を します。□に あてはまる 数を 書きましょう。 【20点】

100円玉を つかって 考える。

⑩⓪が 2こと 5こで 7こなので

200＋500＝□　□円

3 つぎの　計算(けいさん)を　しましょう。

1つ5点【40点】

① 90＋20　② 40＋80　③ 70＋60

④ 400＋300　⑤ 700＋100　⑥ 200＋200

⑦ 600＋400　⑧ 200＋800

4 ちいかわが　レモンに　シールを　はりました。きのう　80まい，きょう　30まい　はりました。ぜんぶで　何(なん)まい　はりましたか。

しき10点・答え10点【20点】

しき

答え　　　　まい

けん玉おじさんが　いる。

答え→74ページ

8 何十，何百の ひき算

1 130－50の 計算を します。□に あてはまる 数を 書きましょう。 【20点】

10円玉を つかって 考える。

13この ⑩から 5こ とると 8こなので

130－50＝□　　□円

2 900－400の 計算を します。□に あてはまる 数を 書きましょう。 【20点】

100円玉を つかって 考える。

9この ⑩⓪から 4こ とると 5こなので

900－400＝□　　□円

3 つぎの　計算を　しましょう。　1つ5点【40点】

① 150－60　② 120－40　③ 170－90

④ 400－200　⑤ 800－300　⑥ 700－500

⑦ 1000－300　⑧ 1000－800

4 ハチワレが　600円　もって
います。300円の　クッキーを
買うと　のこりは　何円ですか。

しき10点・答え10点【20点】

ポシェットの　よろいさんが　作る　パジャマは　大人気。

答え→75ページ

9 何十,何百の たし算と ひき算

とく点

点

1 つぎの 計算(けいさん)を しましょう。

1つ5点【25点】

① 80＋50　② 70＋90　③ 100＋600

④ 500＋400　⑤ 700＋300

2 つぎの 計算を しましょう。

1つ5点【25点】

① 140－80　② 500－300　③ 900－600

④ 1000－100　⑤ 1000－600

3 ちいかわが　グミを　800こ
とりました。ハチワレから　200こ
もらいました。ぜんぶで　何(なん)こに
なりましたか。　しき15点・答え10点【25点】

しき

答え　こ

4 ぶどうが　160つぶ　あります。
うさぎが　70つぶ　食(た)べました。
のこりは　何つぶですか。

しき15点・答え10点【25点】

しき

答え　つぶ

ラッコは　車を　とめた　場(ば)しょが　たまに　分(わ)からなく　なる。

答え→75ページ

10 たし算の ひっ算③

1 42＋85の 計算(けいさん)を ひっ算で します。□に あてはまる 数(かず)を 書(か)きましょう。 【25点】

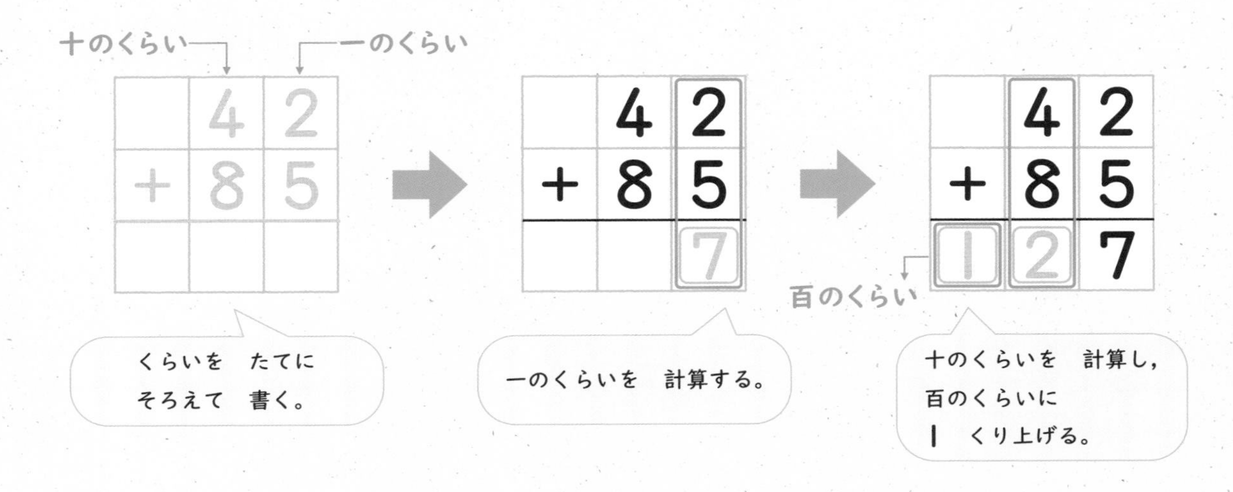

2 つぎの 計算を しましょう。 1つ5点【25点】

① $96 + 32$

② $51 + 86$

③ $40 + 79$

④ $74 + 33$

⑤ $59 + 50$

3 つぎの　計算を　ひっ算で　しましょう。

1つ5点【25点】

① 74 + 64

	7	4
+	6	4

② 56 + 93

③ 62 + 80

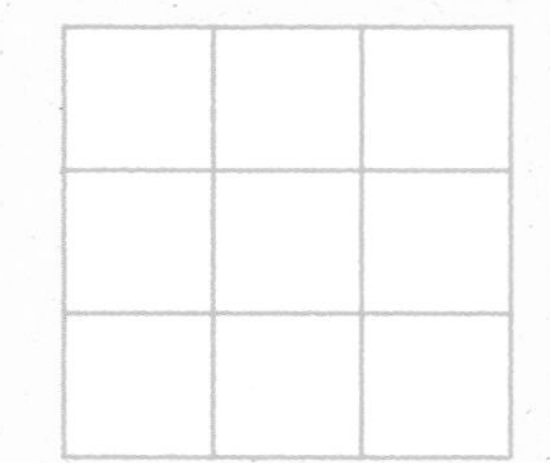

④ 38 + 71

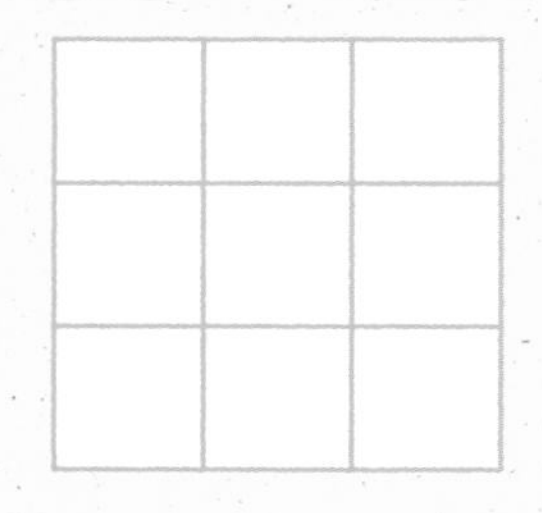

⑤ 40 + 67

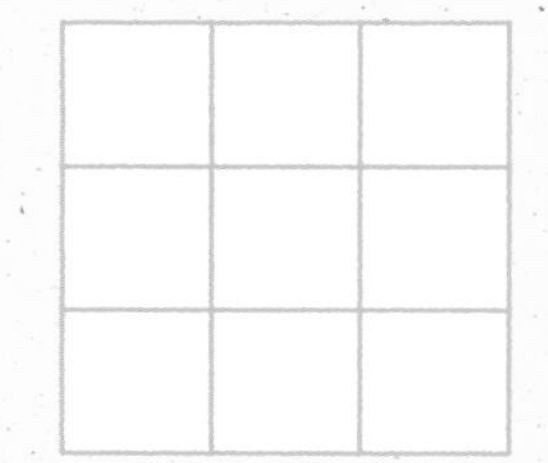

4 よろいさんは　ポシェットを　2つ作るのに，50cmの　ひもと84cmの　ひもを　つかいました。ぜんぶで　何cm　つかいましたか。

しき15点・答え10点【25点】

しき

答え　　　　cm

うさぎは　ぶどうを　口の　中に　ためてから　食べる。

答え→75ページ

たし算の ひっ算

11 たし算の ひっ算④

1 56＋87の 計算を ひっ算で します。□に あてはまる 数を 書きましょう。 【25点】

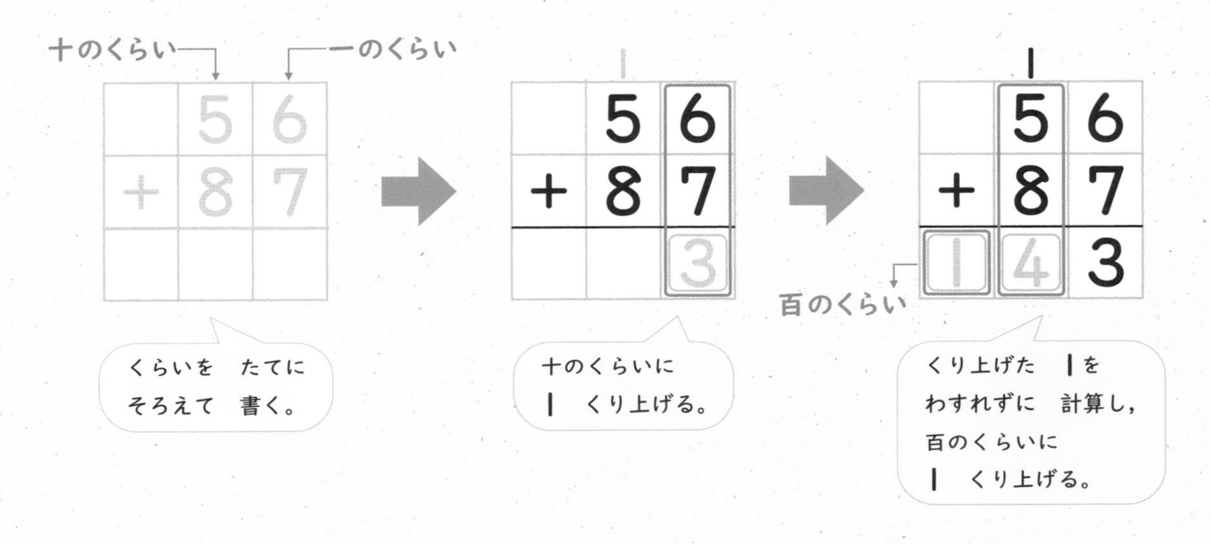

2 つぎの 計算を しましょう。 1つ5点【25点】

①

	4	7
＋	9	4

②

	3	2
＋	7	8

③

	1	3
＋	8	9

④

	9	8
＋		6

⑤

		5
＋	9	9

3 つぎの　計算を　ひっ算で　しましょう。

1つ5点【25点】

① 83＋69

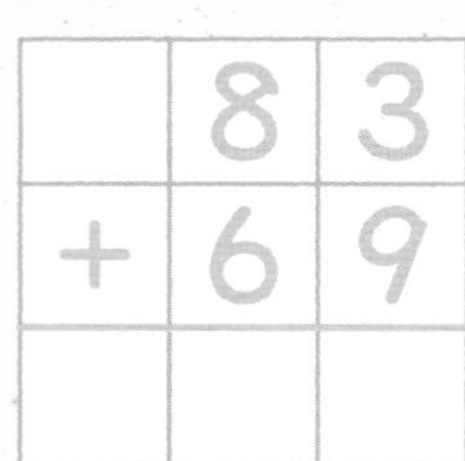

② 68＋44

③ 47＋58

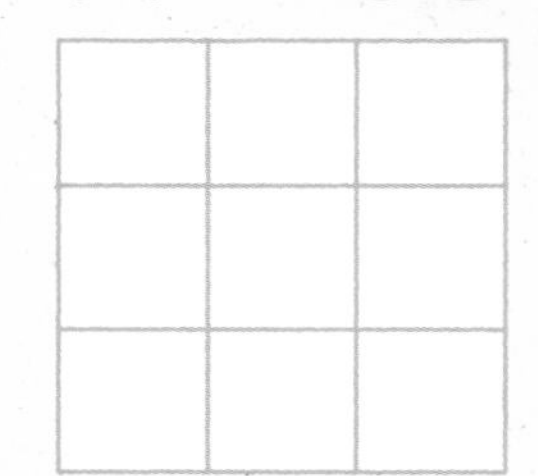

④ 39＋61

⑤ 96＋9

4 赤色の　はっぱが　25まい，黄色の　はっぱが　76まい　あります。はっぱは　ぜんぶで　何まい　ありますか。

しき15点・答え10点【25点】

しき

答え　　　　まい

ハチワレは　ちいかわから　もらった　リボンが　だいじ。

答え→75ページ

12 たし算の ひっ算の れんしゅう②

月　日

10分

とく点

点

1 つぎの 計算(けいさん)を しましょう。

1つ5点【25点】

①
$$\begin{array}{r} 29 \\ +\ 96 \\ \hline \end{array}$$

②
$$\begin{array}{r} 50 \\ +\ 78 \\ \hline \end{array}$$

③
$$\begin{array}{r} 87 \\ +\ 28 \\ \hline \end{array}$$

④
$$\begin{array}{r} 65 \\ +\ 36 \\ \hline \end{array}$$

⑤
$$\begin{array}{r} 94 \\ +\ 9 \\ \hline \end{array}$$

2 つぎの 計算を ひっ算で しましょう。

1つ5点【25点】

① 92＋15

	9	2
＋	1	5

② 38＋70

③ 94＋67

④ 17＋83

⑤ 8＋95

3 ラムネが　はこの　中に　37こ，ふくろの　中に　85こ　あります。ぜんぶで　何(なん)こ　ありますか。　しき15点・答え10点【25点】

しき

答え　こ

4 ちいかわは　ジュースを　56mL，うさぎは　ジュースを　58mL　のみました。合(あ)わせて　何mL　のみましたか。　しき15点・答え10点【25点】

しき

答え　mL

おみそしるの　川には　しじみが　ながれて　いる。

答え→76ページ

計算パズル

月　日

1 たし算の　ひっ算を　します。□に　入る　数字と　同じ　読み方の　ものを　線で　むすびましょう。

★ごろ合わせを　しよう。

	3	8
+	2	6
	□	□
+	2	3
	□	□
+	4	2
1	□	□

肉

いちご

花

虫

2 ①から ④の ひっ算の □に 入る 数字が あらわす カタカナを，下から えらんで，あとの ○に 書きましょう。

①
```
   6 4
 + 5 □
 1 1 6
```

②
```
   8 4
 + 7 6
 1 □ 0
```

③
```
   □ 5
 + 5 8
 1 0 3
```

④
```
   3 0
 + □ 5
 1 2 5
```

0 → イ	5 → ス
1 → カ	6 → レ
2 → ハ	7 → テ
3 → モ	8 → タ
4 → チ	9 → ワ

① ○　③ ○　④ ○　② ○

答え→76ページ

13 ひき算の ひっ算③

月　日　10分

とく点　点

1 147－61の 計算(けいさん)を ひっ算で します。□に あてはまる 数(かず)を 書(か)きましょう。【25点】

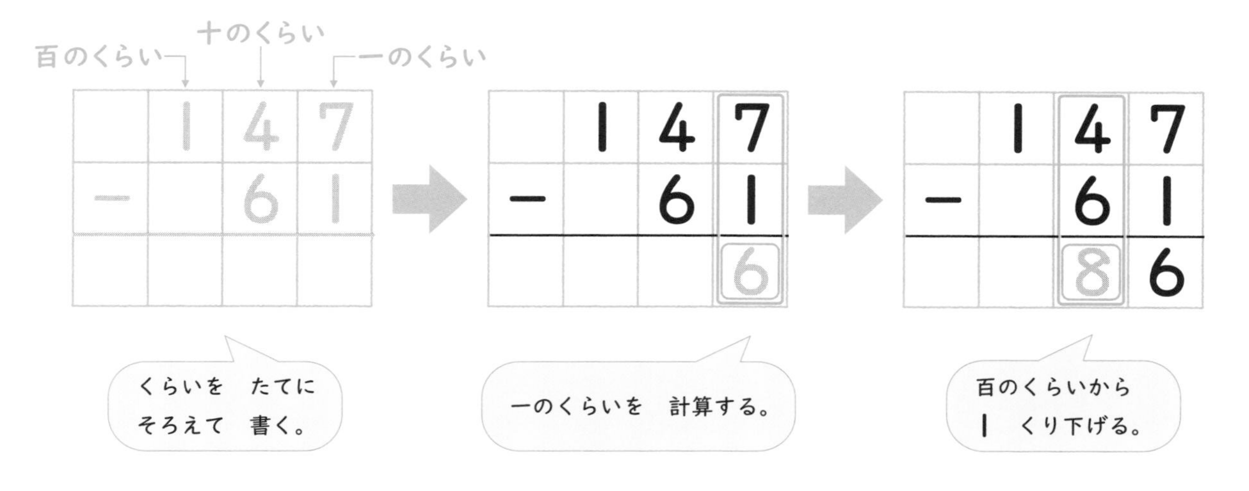

2 つぎの 計算を しましょう。1つ5点【25点】

①

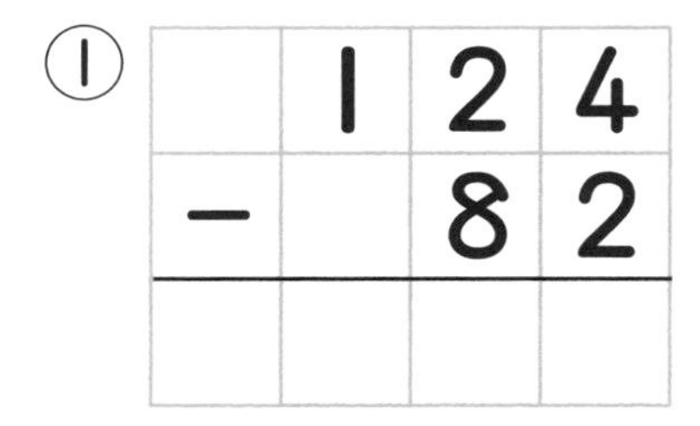

②

	1	6	9
－		7	5

③

	1	4	8
－		6	8

④

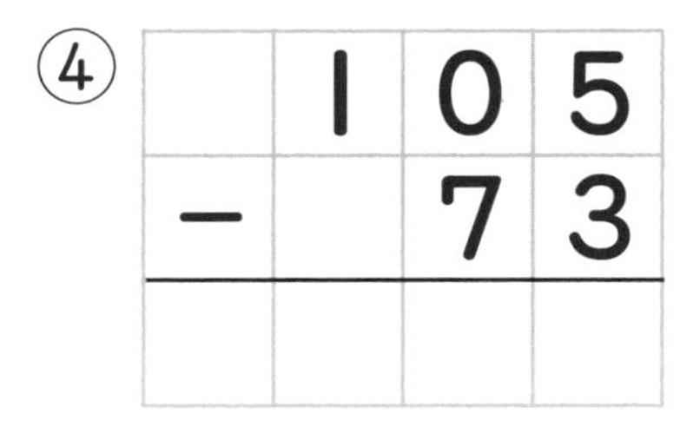

⑤

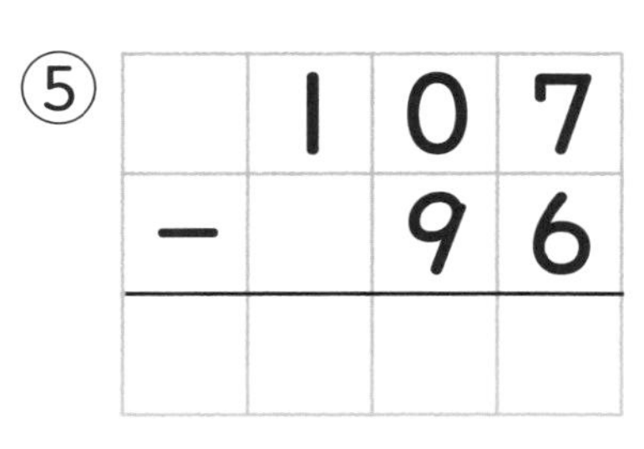

3 つぎの　計算を　ひっ算で　しましょう。

1つ5点【25点】

① 178－96　② 132－71　③ 151－61

	1	7	8
－		9	6

④ 133－53　⑤ 109－84

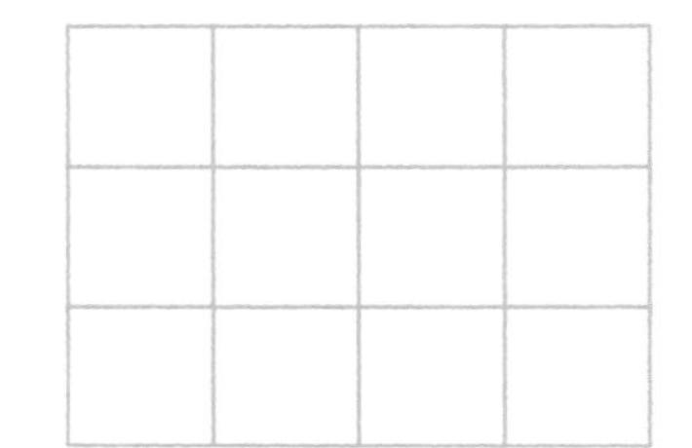

4 からあげが　155こ　あります。
62こ　食べると　のこりは
何こですか。

しき15点・答え10点【25点】

しき

答え　　　　こ

ちいかわ まめちしき

パンの　なる　木が　ある。

答え→76ページ

14 ひき算の ひっ算④

月　日　10分

とく点　点

1 126－58の 計算(けいさん)を ひっ算で します。□に あてはまる 数(かず)を 書(か)きましょう。【25点】

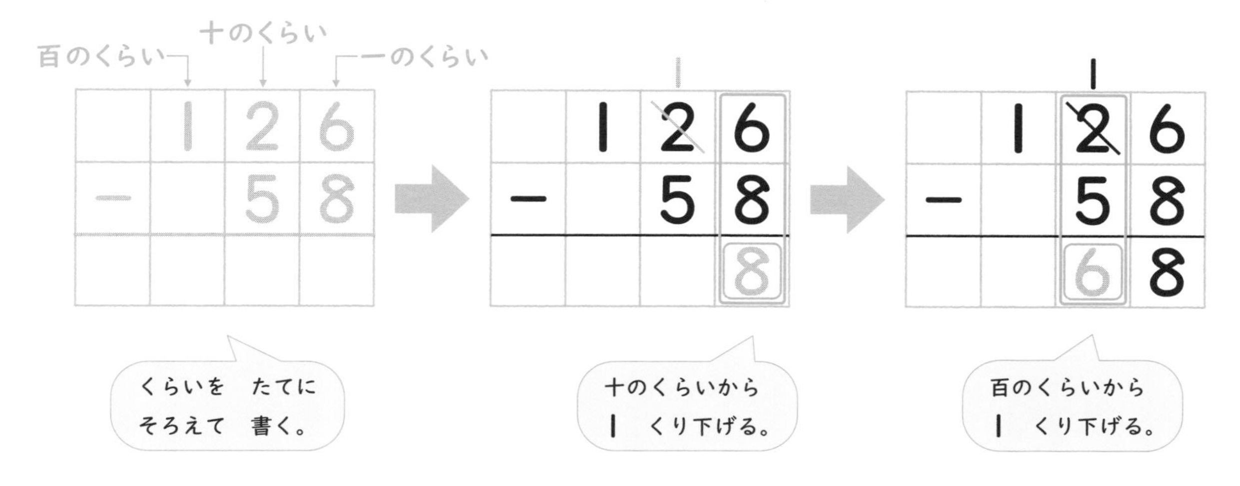

2 つぎの 計算を しましょう。 1つ5点【25点】

①

	1	5	1
−		8	7

②

	1	4	6
−		6	9

③

	1	6	5
−		9	6

④

	1	3	4
−		3	6

⑤

	1	7	6
−		7	7

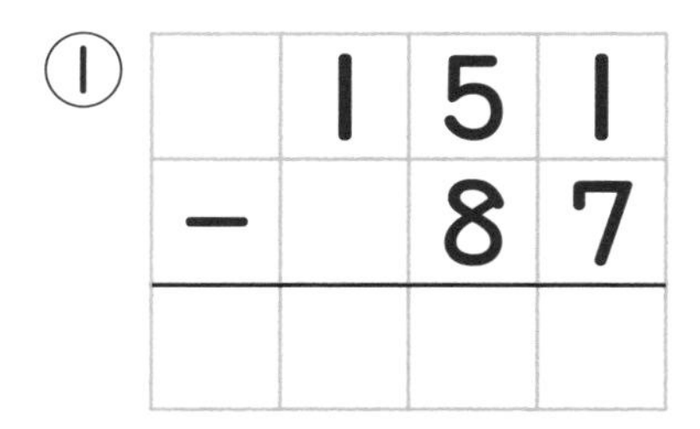

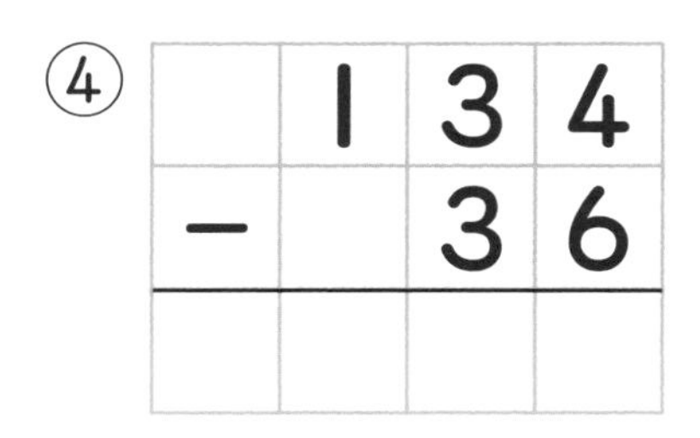

3 104－57の 計算(けいさん)を ひっ算で します。□に あてはまる 数(かず)を 書(か)きましょう。

【25点】

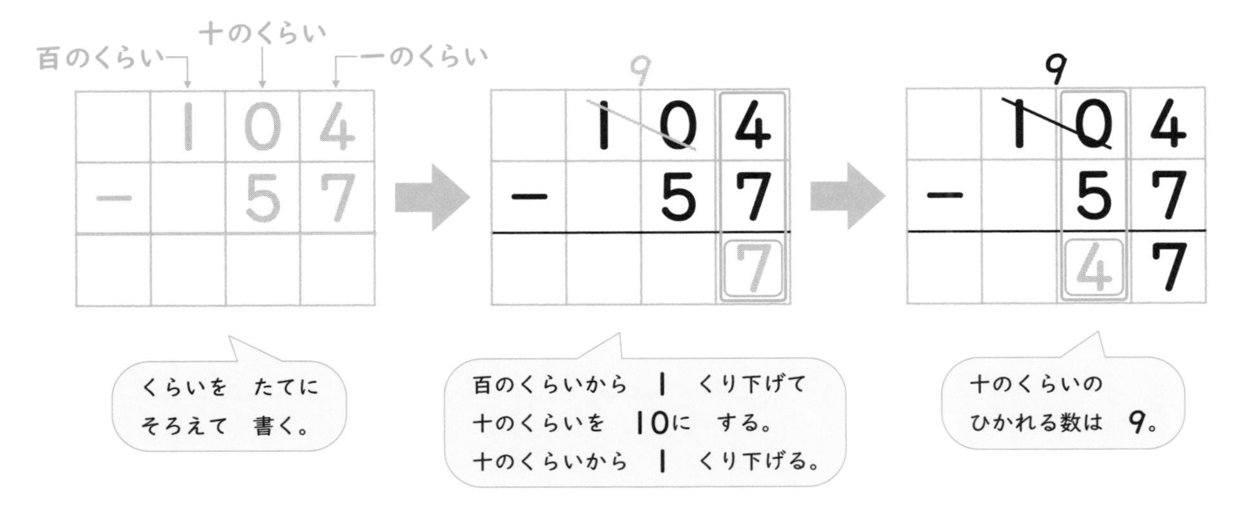

4 つぎの 計算を しましょう。

1つ5点【25点】

①

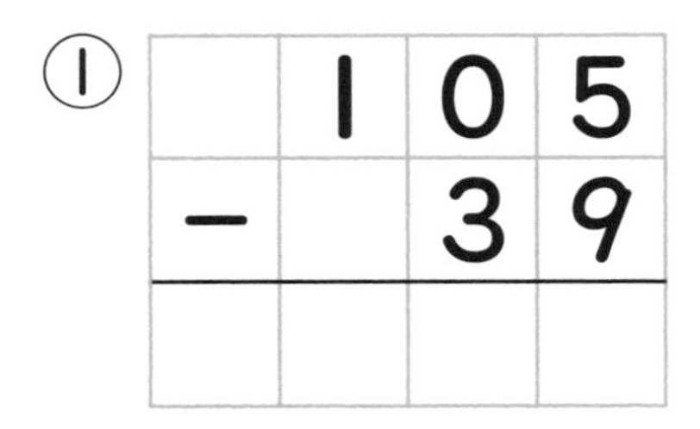

②

	1	0	2
－		9	5

③

	1	0	7
－			8

④

	1	0	0
－		4	6

⑤

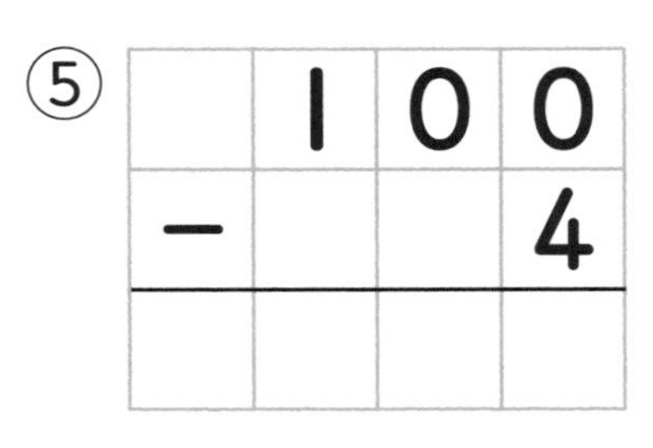

やきそばに ごはんを のせると，わるい ことを した 気分(きぶん)に なる。

答え→76ページ

15 ひき算の ひっ算の れんしゅう②

月　日

10分

とく点　　点

1 つぎの 計算(けいさん)を しましょう。

1つ5点【25点】

① $\begin{array}{r} 156 \\ -\ \ 82 \\ \hline \end{array}$

② $\begin{array}{r} 119 \\ -\ \ 69 \\ \hline \end{array}$

③ $\begin{array}{r} 141 \\ -\ \ 58 \\ \hline \end{array}$

④ $\begin{array}{r} 183 \\ -\ \ 89 \\ \hline \end{array}$

⑤ $\begin{array}{r} 107 \\ -\ \ 48 \\ \hline \end{array}$

2 つぎの 計算を ひっ算で しましょう。

1つ5点【25点】

① 108－21

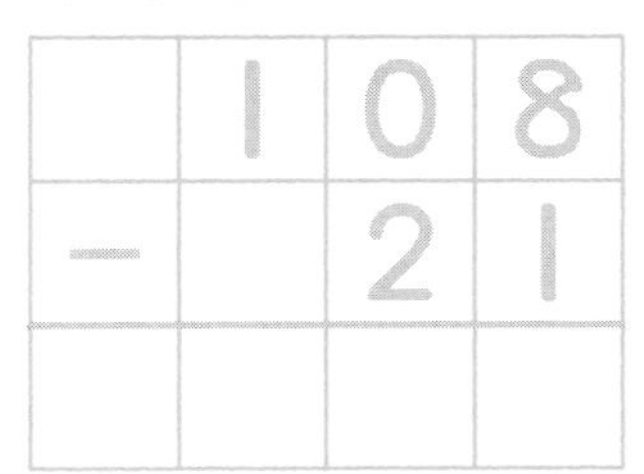

② 165－79

③ 114－16

④ 101－7

⑤ 100－43

3 うめぼしが　入った　おにぎりと，こんぶが　入った　おにぎりが　合（あ）わせて　126こ　あります。うめぼしが　入った　おにぎりは　56こです。こんぶが　入った　おにぎりは　何（なん）こですか。

しき15点・答え10点【25点】

4 ジュースが　103mL　あります。64mL　のむと　のこりは　何mLですか。

しき15点・答え10点【25点】

ハチワレは　強（つよ）く　なりたい。

答え→77ページ

16 大きい 数の たし算

月　日　10分

とく点　点

1 638＋45の 計算（けいさん）を ひっ算で します。□に あてはまる 数（かず）を 書（か）きましょう。【25点】

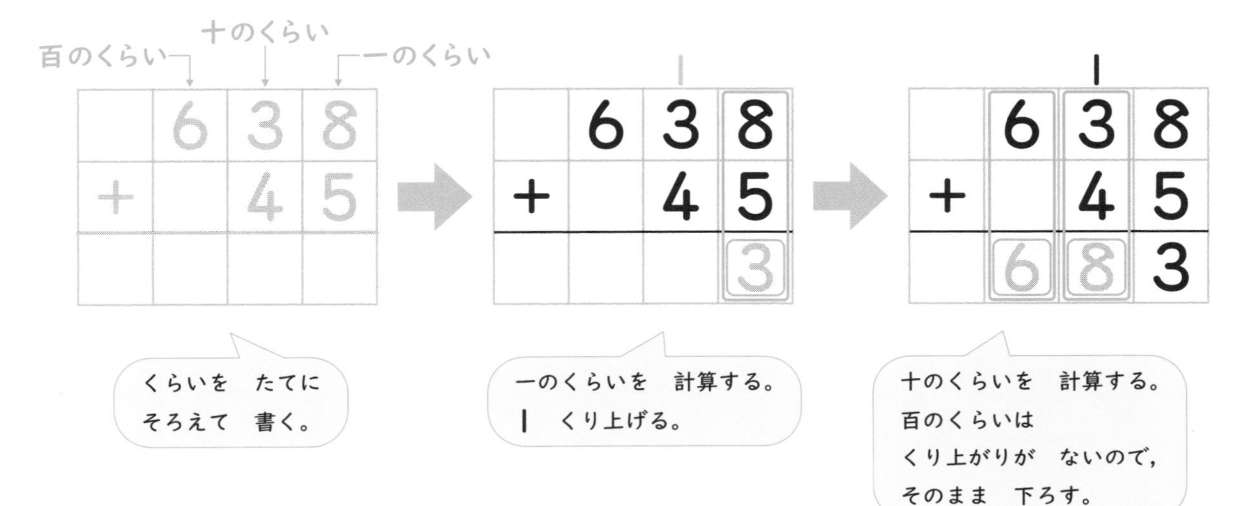

2 つぎの 計算を しましょう。　1つ5点【25点】

①

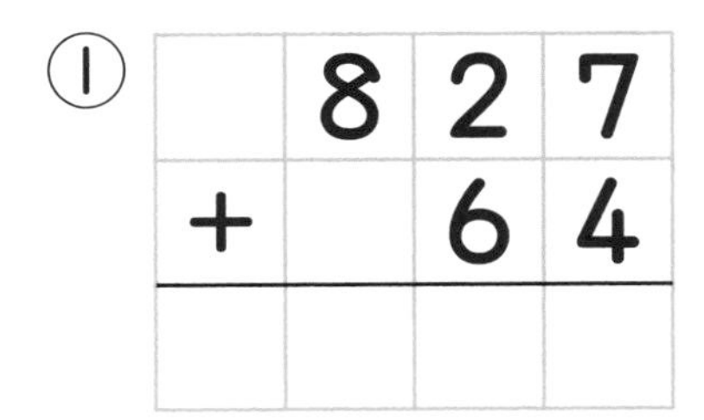

② 605 ＋ 79

③ 129 ＋ 32

④ 413 ＋ 58

⑤ 328 ＋ 12

3 つぎの　計算（けいさん）を　ひっ算で　しましょう。　1つ5点【25点】

① $313 + 18$

② $149 + 47$

③ $435 + 56$

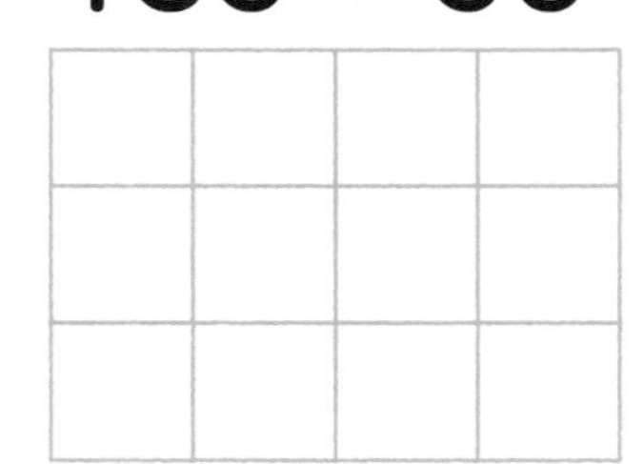

④ $849 + 29$

⑤ $206 + 84$

4 ちいかわは　カードを
515まい　もって　いました。
ハチワレから　26まい
もらいました。ちいかわは，
カードを　何（なん）まい　もって　いますか。　しき15点・答え10点【25点】

しき

答え　　　　まい

うさぎは　さんぱつが　じょうず。

答え→77ページ

17 大きい 数の ひき算

1 841－23の 計算(けいさん)を ひっ算で します。□に あてはまる 数(かず)を 書(か)きましょう。【25点】

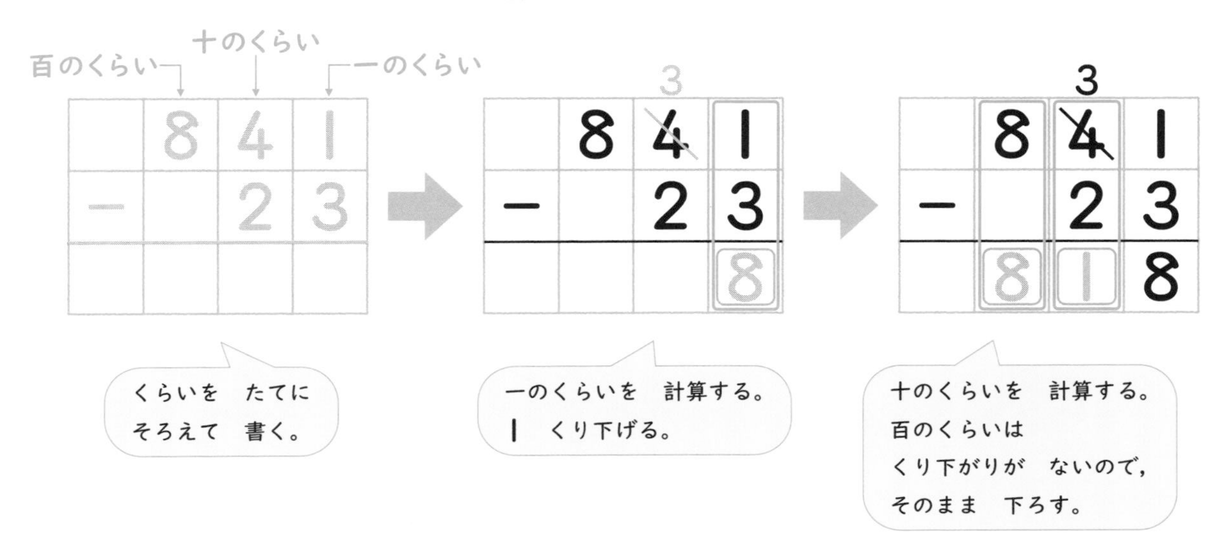

2 つぎの 計算を しましょう。 1つ5点【25点】

①

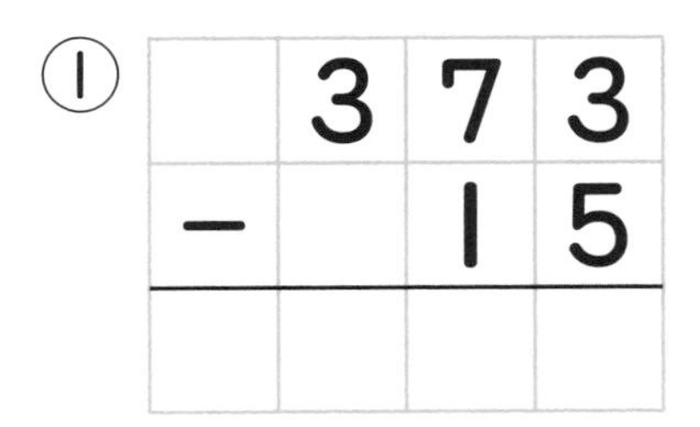

	3	7	3
－		1	5

②

	7	5	6
－		2	8

③

	4	8	1
－		4	7

④

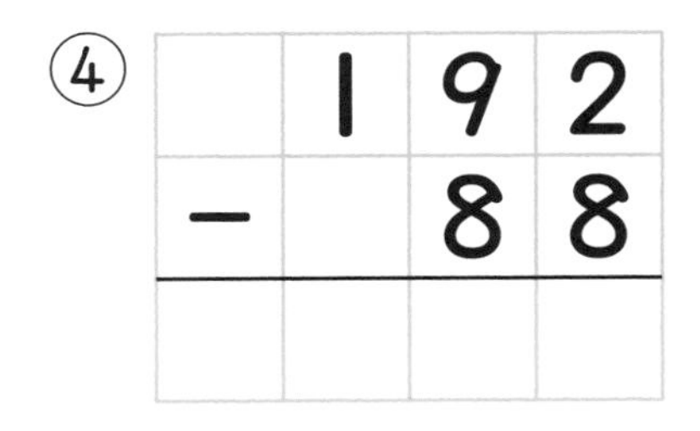

	1	9	2
－		8	8

⑤

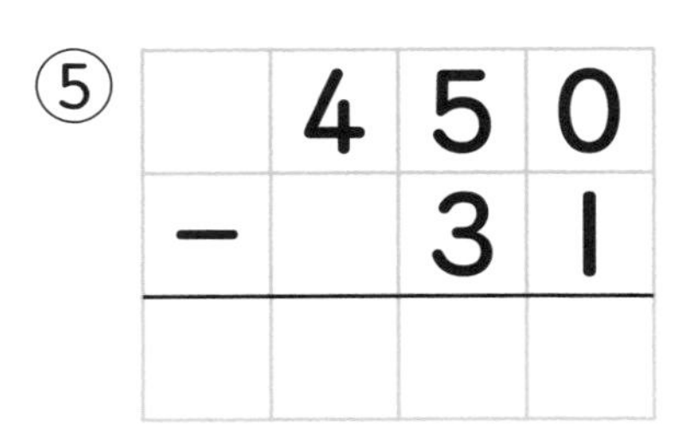

	4	5	0
－		3	1

3 つぎの 計算(けいさん)を ひっ算で しましょう。

1つ5点【25点】

① 996 − 68  ② 564 − 49 ③ 283 − 35

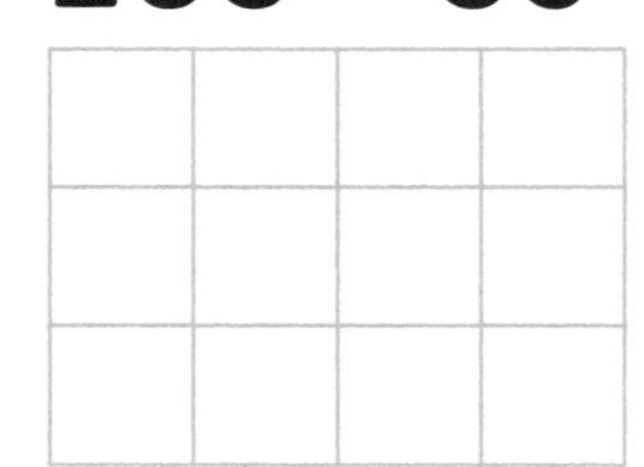

④ 752 − 23 ⑤ 460 − 18

4 ハチワレは 592円 もって います。
34円の おかしを 買(か)いました。
のこりは 何円(なんえん)ですか。

しき15点・答え10点【25点】

しき

答え 円

ハチワレは どうくつに すんで いる。

答え→77ページ

18 大きい 数の たし算と ひき算

月　日　10分

とく点　点

1 つぎの 計算(けいさん)を しましょう。

1つ5点【25点】

① 825 + 66 =

② 246 + 49 =

③ 957 + 13 =

④ 961 − 29 =

⑤ 484 − 47 =

2 つぎの 計算を ひっ算で しましょう。

1つ5点【25点】

① 124 + 39

② 944 + 38

③ 895 − 16

④ 763 − 55

⑤ 180 − 32

3 赤い　花が　125本，青い　花が　68本　さいて　います。花は　合わせて　何本　さいて　いますか。

しき15点・答え10点【25点】

しき

答え　　　　本

4 お茶が　587mL，ジュースが　49mL　あります。お茶と　ジュースの　かさの　ちがいは　何mLですか。

しき15点・答え10点【25点】

しき

答え　　　　mL

ちいかわ まめちしき

でかい　鳥に　さらわれた　パジャマパーティーズが　いる。

答え→77ページ

月　日　10分

とく点　点

19 3つの 数の 計算

1 27＋6＋4の 計算(けいさん)を します。□に あてはまる 数(かず)を 書(か)きましょう。

1つ10点【20点】

① 左から じゅんに 計算する。

27＋6＝□

33＋4＝□

27＋6＋4＝□＋4＝□

27＋6を 先に 計算する。

27＋6で できた 数と 4を たす。

② 後(うし)ろの 2つを 先に 計算する。

まとめて たす ときは (　)を つかって あらわす。

6＋4＝□

27＋10＝□

27＋(6＋4)＝27＋□＝□

6＋4を 先に 計算する。

27と 6＋4で できた 数を たす。

2 くふうして　計算(けいさん)しましょう。

1つ10点【80点】

① $49 + (3 + 7) = \square$

② $27 + (15 + 5) = \square$

③ $16 + (19 + 21) = \square$

④ $18 + 6 + 4 = \square$

⑤ $17 + 27 + 3 = \square$

⑥ $24 + 8 + 12 = \square$

⑦ $47 + 9 + 3 = \square$

9と　3を　入れかえる。

⑧ $29 + 14 + 21 = \square$

ちいかわは　からあげに　レモンを　かけない。

答え→78ページ

20 かけ算の 九九

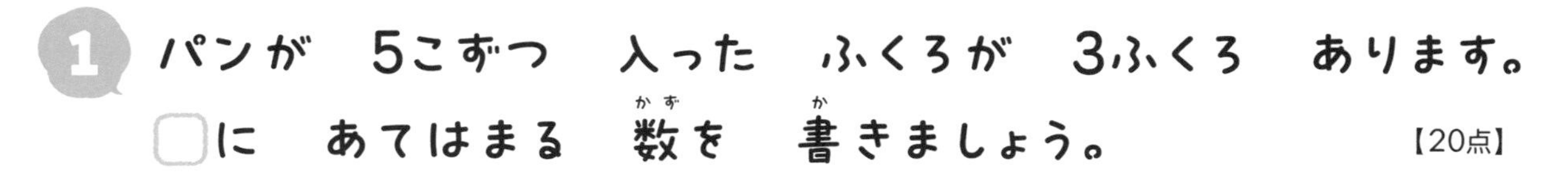

1 パンが　5こずつ　入った　ふくろが　3ふくろ　あります。
□に　あてはまる　数を　書きましょう。　【20点】

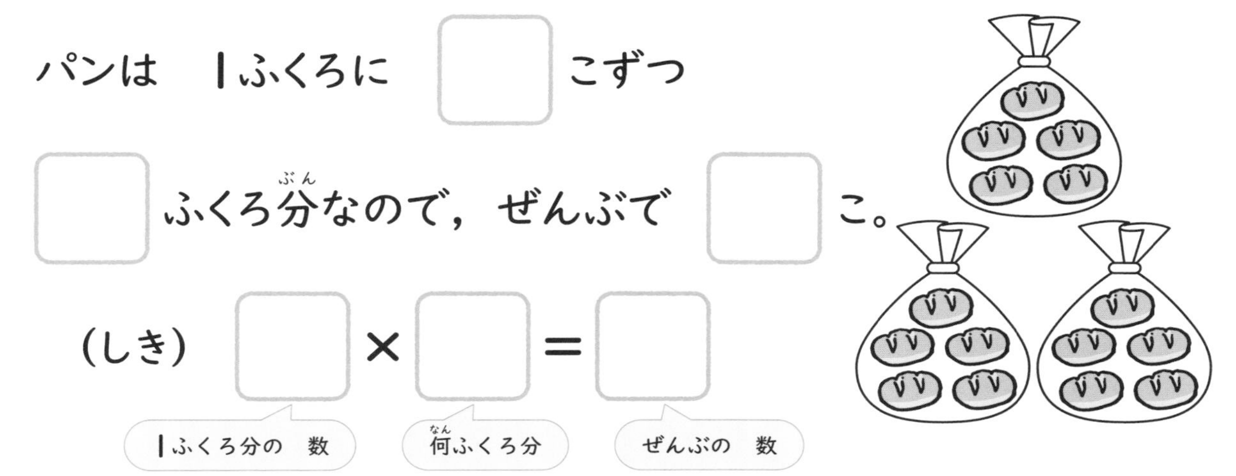

パンは　1ふくろに　□　こずつ

□　ふくろ分なので，ぜんぶで　□　こ。

（しき）　□　×　□　＝　□

1ふくろ分の　数　　何ふくろ分　　ぜんぶの　数

2 かけ算の　しきに　書いて　答えを　もとめましょう。

1つ10点【20点】

① ケーキは　1さらに　3こずつ　あります。
4さらでは　何こ　ありますか。

（しき）　×　＝　　　　（答え）　　こ

② プリンは　1はこに　2こずつ　あります。
5はこでは　何こ　ありますか。

（しき）　　　　（答え）

3 かけ算の　しきに　書いて　答えを　もとめましょう。　1つ10点【30点】

① 4本の　7たば分は　何本ですか。

（しき）　　　　（答え）＿＿＿＿

② 8まいの　5たば分は　何まいですか。

（しき）　　　　（答え）＿＿＿＿

③ 6cmの　3こ分は　何cmですか。

（しき）　　　　（答え）＿＿＿＿

4 かけ算の　しきに　書いて　答えを　もとめましょう。　1つ10点【30点】

① 2この　6ばいは　何こですか。

（しき）　　　　（答え）＿＿＿＿

② 5本の　9ばいは　何本ですか。

（しき）　　　　（答え）＿＿＿＿

③ 7Lの　3ばいは　何Lですか。

（しき）　　　　（答え）＿＿＿＿

マントを　つけた　とうばつは　むずかしい。

答え→78ページ

21 5のだんの 九九

1 どらやきの 数を □に 書きましょう。　1つ5点【45点】

① 5×1＝□（五一が）

② 5×2＝□（五二）

③ 5×3＝□（五三）

④ 5×4＝□（五四）

⑤ 5×5＝□（五五）

⑥ 5×6＝□（五六）

⑦ 5×7＝□（五七）

⑧ 5×8＝□（五八）

⑨ 5×9＝□（五九）

2 つぎの 計算(けいさん)を しましょう。

1つ5点【30点】

① $5 \times 2 =$ □

② $5 \times 7 =$ □

③ $5 \times 8 =$ □

④ $5 \times 4 =$ □

⑤ $5 \times 5 =$ □

⑥ $5 \times 9 =$ □

3 ハチワレと うさぎが もって いる 5円玉を あつめると、6まい ありました。ぜんぶで 何円(なんえん)に なりますか。

しき15点・答え10点【25点】

しき

答え ＿＿＿＿＿ 円

ラムネの ふたは ぼうしに なる。

答え→78ページ

かけ算の 九九

22 2のだんの 九九

月　日　10分

とく点　点

1 たいやきの 数(かず)を □に 書(か)きましょう。　1つ5点【45点】

① 2×1＝□
(二一(にいち)が)

② 2×2＝□
(二二(ににん)が)

③ 2×3＝□
(二三(にさん)が)

④ 2×4＝□
(二四(にし)が)

⑤ 2×5＝□
(二五(にご))

⑥ 2×6＝□
(二六(にろく))

⑦ 2×7＝□
(二七(にしち))

⑧ 2×8＝□
(二八(にはち))

⑨ 2×9＝□
(二九(にく))

2 つぎの 計算(けいさん)を しましょう。

1つ5点【30点】

① 2 × 8 = □

② 2 × 3 = □

③ 2 × 1 = □

④ 2 × 5 = □

⑤ 2 × 6 = □

⑥ 2 × 4 = □

3 ちいかわと ハチワレは
おすしを 食(た)べに いきました。
おすしは 1さらに 2かんずつ
のって いました。ちいかわと
ハチワレで あわせて 9さら 食べると、
ぜんぶで 何(なん)かん 食べた ことに なりますか。

しき15点・答え10点【25点】

しき

答え かん

クリームを 口から 出す やつが いる。

答え→78ページ

23 3のだんの 九九

月　日　10分

とく点　点

1 ウインナーの 数(かず)を □に 書(か)きましょう。　1つ5点【45点】

① $3 \times 1 =$ □　(三一(さんいち)が)

② $3 \times 2 =$ □　(三二(さんに)が)

③ $3 \times 3 =$ □　(三三(さざん)が)

④ $3 \times 4 =$ □　(三四(さんし))

⑤ $3 \times 5 =$ □　(三五(さんご))

⑥ $3 \times 6 =$ □　(三六(さぶろく))

⑦ $3 \times 7 =$ □　(三七(さんしち))

⑧ $3 \times 8 =$ □　(三八(さんぱ))

⑨ $3 \times 9 =$ □　(三九(さんく))

2 つぎの　計算を　しましょう。

1つ5点【30点】

① $3 \times 4 =$ □

② $3 \times 2 =$ □

③ $3 \times 9 =$ □

④ $3 \times 5 =$ □

⑤ $3 \times 3 =$ □

⑥ $3 \times 7 =$ □

3 プリンを　1つ　作るのに，さとうが　小さじ　3ばい　ひつようです。プリンを　6つ　作るには，さとうは　小さじ　何ばい　ひつようですか。

しき15点・答え10点【25点】

しき

答え　　はい

ちいかわ まめちしき

シーサーだって　ほめられると　うれしい。

答え→78ページ

24 4のだんの 九九

とく点　　点

1 ジュースの 数(かず)を □に 書(か)きましょう。　1つ5点【45点】

① $4 \times 1 =$ □ （四一(しいち)が）

② $4 \times 2 =$ □ （四二(しに)が）

③ $4 \times 3 =$ □ （四三(しさん)）

④ $4 \times 4 =$ □ （四四(しし)）

⑤ $4 \times 5 =$ □ （四五(しご)）

⑥ $4 \times 6 =$ □ （四六(しろく)）

⑦ $4 \times 7 =$ □ （四七(ししち)）

⑧ $4 \times 8 =$ □ （四八(しは)）

⑨ $4 \times 9 =$ □ （四九(しく)）

2 つぎの　計算(けいさん)を　しましょう。

1つ5点【30点】

① 4 × 2 = □

② 4 × 6 = □

③ 4 × 8 = □

④ 4 × 1 = □

⑤ 4 × 3 = □

⑥ 4 × 9 = □

3 じどう車を　作(つく)ります。

1台(だい)に　タイヤを　4こ　つけます。
じどう車　5台では，何(なん)この
タイヤが　ひつようですか。

しき15点・答え10点【25点】

しき

答え　　　　こ

ちいかわは　「むちゃうマン」と　しゃしんを　とった。

答え→79ページ

かけ算の 九九

25 6のだんの 九九

1 にんじんの 数(かず)を □に 書(か)きましょう。 1つ5点【45点】

① $6 \times 1 =$ □ (六一(ろくいち)が)

② $6 \times 2 =$ □ (六二(ろくに))

③ $6 \times 3 =$ □ (六三(ろくさん))

④ $6 \times 4 =$ □ (六四(ろくし))

⑤ $6 \times 5 =$ □ (六五(ろくご))

⑥ $6 \times 6 =$ □ (六六(ろくろく))

⑦ $6 \times 7 =$ □ (六七(ろくしち))

⑧ $6 \times 8 =$ □ (六八(ろくは))

⑨ $6 \times 9 =$ □ (六九(ろっく))

2 つぎの　計算を　しましょう。

1つ5点【30点】

① $6 \times 5 =$ □

② $6 \times 2 =$ □

③ $6 \times 8 =$ □

④ $6 \times 3 =$ □

⑤ $6 \times 6 =$ □

⑥ $6 \times 9 =$ □

3 ちいかわと　ハチワレは，

1本　6cmの　リボンを，
合わせて　7本　作ります。
ぜんぶで　何cmの　リボンが
ひつようですか。

しき15点・答え10点【25点】

しき

答え　　　　cm

ちいかわ まめちしき

うさぎは　声が　でかい。

答え→79ページ

計算パズル

10分

月　日

1 ひき算の　ひっ算を　して，答えの　数が　大きい　ほうに　線を　ひきながら　すすみましょう。たどりついた　キャラクターに　○を　つけましょう。また，答えの　数が　小さい　ほうに　すすんで　たどりついた　キャラクターにも　○を　つけましょう。

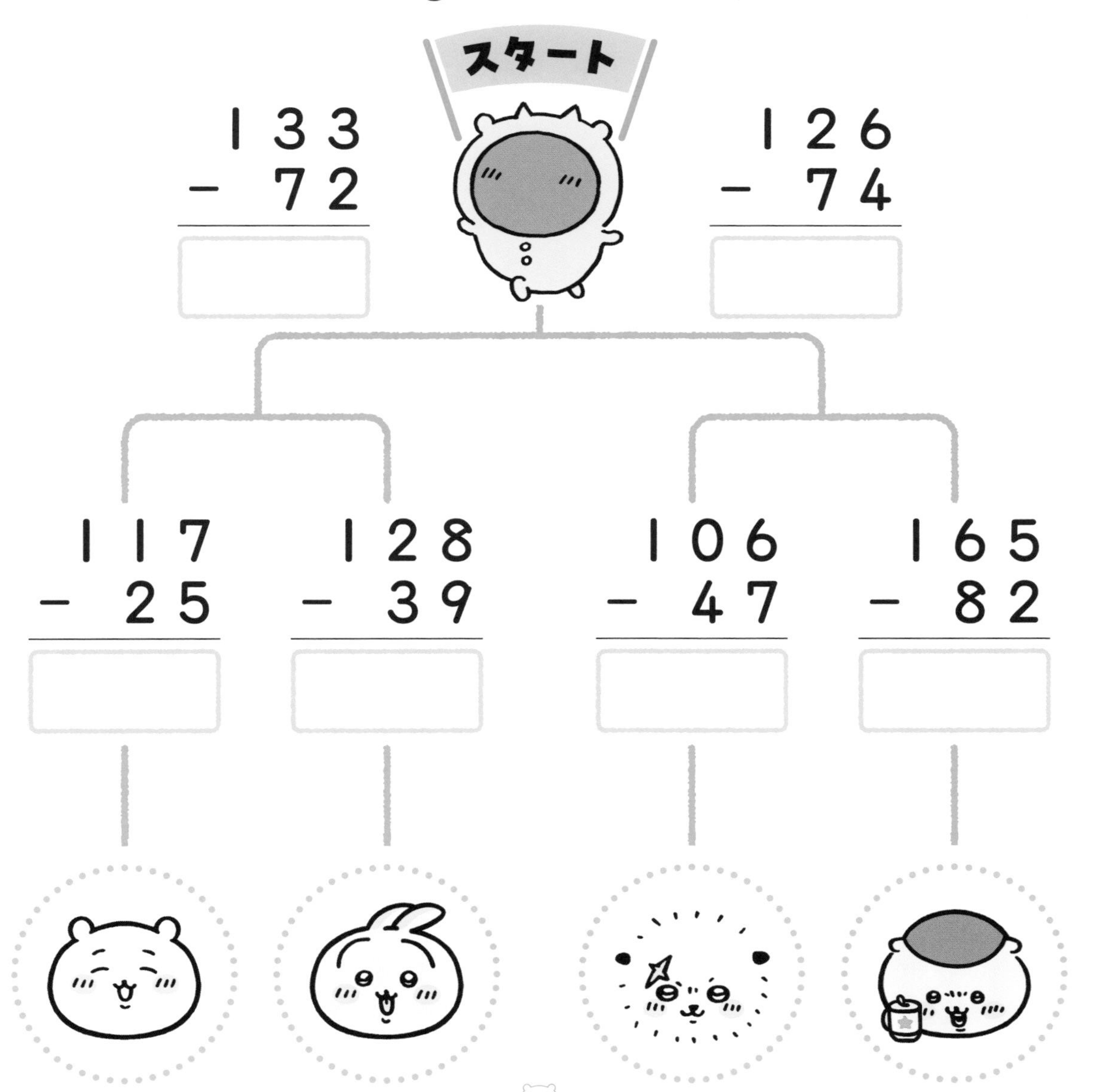

2 答えが　12，18，24に　なる　しきの　マスに　色を　ぬりましょう。出て　きた　カタカナを　下の　□に，2回　書きましょう。

2×3	6×2	2×9	3×6	5×9	4×1
6×7	3×9	4×6	7×2	5×5	4×8
8×1	6×4	3×8	3×4	7×1	6×6
5×4	6×8	6×3	5×2	6×5	3×2
2×7	3×9	2×6	4×3	4×4	7×9

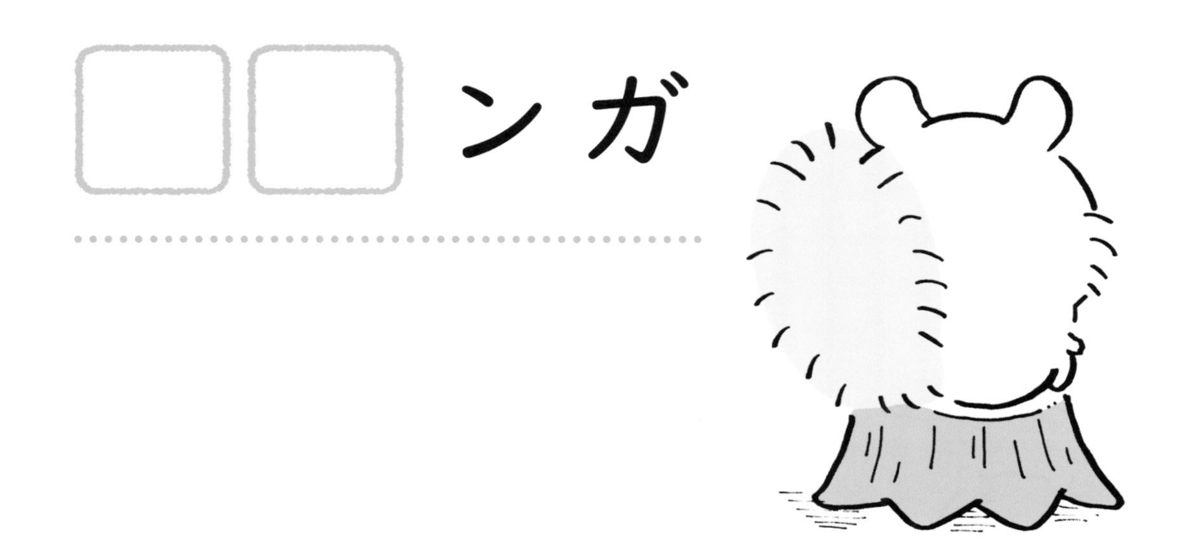

答え→79ページ

26 7のだんの 九九

1 パンの 数(かず)を □に 書(か)きましょう。

1つ5点【45点】

① $7 \times 1 =$ □ (七一(しちいち)が)

② $7 \times 2 =$ □ (七二(しちに))

③ $7 \times 3 =$ □ (七三(しちさん))

④ $7 \times 4 =$ □ (七四(しちし))

⑤ $7 \times 5 =$ □ (七五(しちご))

⑥ $7 \times 6 =$ □ (七六(しちろく))

⑦ $7 \times 7 =$ □ (七七(しちしち))

⑧ $7 \times 8 =$ □ (七八(しちは))

⑨ $7 \times 9 =$ □ (七九(しちく))

2 つぎの　計算を　しましょう。

1つ5点【30点】

① 7 × 3 = ☐　② 7 × 7 = ☐

③ 7 × 1 = ☐　④ 7 × 4 = ☐

⑤ 7 × 9 = ☐

⑥ 7 × 8 = ☐

3 うさぎは，ブロッコリーを1日　7こずつ，5日間毎日　食べました。ぜんぶで　何こ食べましたか。

しき15点・答え10点【25点】

しき

答え　　　　こ

しごとの　後の　たちぐいそばは，ちいかわたちの　あこがれ。

答え→79ページ

27 8のだんの 九九

月　日　10分
とく点　　点

1 ケーキの 数(かず)を □に 書(か)きましょう。　1つ5点【45点】

① $8 \times 1 =$ □（八一(はちいち)が）

② $8 \times 2 =$ □（八二(はちに)）

③ $8 \times 3 =$ □（八三(はちさん)）

④ $8 \times 4 =$ □（八四(はちし)）

⑤ $8 \times 5 =$ □（八五(はちご)）

⑥ $8 \times 6 =$ □（八六(はちろく)）

⑦ $8 \times 7 =$ □（八七(はちしち)）

⑧ $8 \times 8 =$ □（八八(はっぱ)）

⑨ $8 \times 9 =$ □（八九(はっく)）

2 つぎの　計算(けいさん)を　しましょう。

1つ5点【30点】

① 8 × 5 = □

② 8 × 2 = □

③ 8 × 8 = □

④ 8 × 4 = □

⑤ 8 × 9 = □

⑥ 8 × 6 = □

3 1はこ　8本入りの　えんぴつが，3はこ　あります。えんぴつは　ぜんぶで　何本(なんぼん)　ありますか。

しき15点・答え10点【25点】

しき

答え　　　　本

モモンガは　ドブに　おちた　ことが　ある。

答え→80ページ

28 9のだんの 九九

月　日

10分

とく点　　点

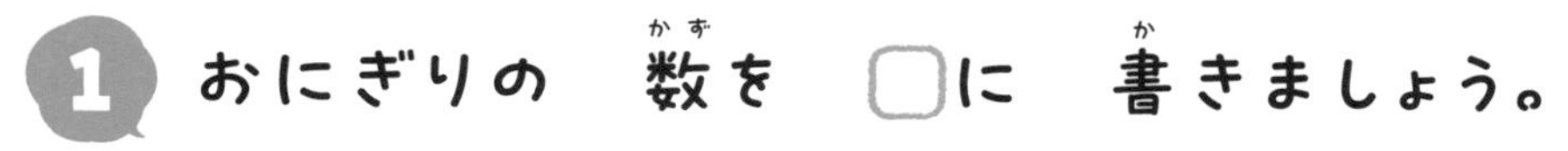

1 おにぎりの 数を □に 書きましょう。

1つ5点【45点】

① 9 × 1 = □
（九一が）

② 9 × 2 = □
（九二）

③ 9 × 3 = □
（九三）

④ 9 × 4 = □
（九四）

⑤ 9 × 5 = □
（九五）

⑥ 9 × 6 = □
（九六）

⑦ 9 × 7 = □
（九七）

⑧ 9 × 8 = □
（九八）

⑨ 9 × 9 = □
（九九）

2 つぎの　計算（けいさん）を　しましょう。

1つ5点【30点】

① $9 \times 3 =$ ☐

② $9 \times 5 =$ ☐

③ $9 \times 9 =$ ☐

④ $9 \times 8 =$ ☐

⑤ $9 \times 6 =$ ☐

⑥ $9 \times 4 =$ ☐

3 ちいかわと　ハチワレが

たこやきを　買（か）いに　きました。
1パック　9こ入りの　たこやきを
7パック　買いました。
買った　たこやきの
数（かず）は　ぜんぶで　何（なん）こですか。

しき15点・答え10点【25点】

しき

答え　　　　こ

ちいかわと　ハチワレは，ラッコに　やきにくを　ごちそうに　なった。

答え→80ページ

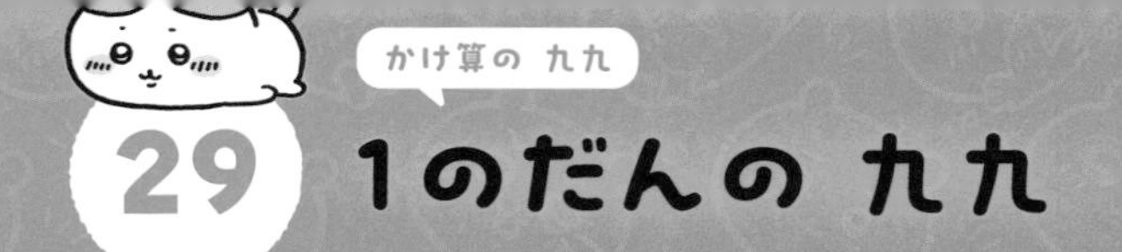

月 日

10分

とく点

点

1 ほうきの 数(かず)を □に 書(か)きましょう。 1つ5点【45点】

① $1\times1=$ □ (一一(いんいち)が)

② $1\times2=$ □ (一二(いんに)が)

③ $1\times3=$ □ (一三(いんさん)が)

④ $1\times4=$ □ (一四(いんし)が)

⑤ $1\times5=$ □ (一五(いんご)が)

⑥ $1\times6=$ □ (一六(いんろく)が)

⑦ $1\times7=$ □ (一七(いんしち)が)

⑧ $1\times8=$ □ (一八(いんはち)が)

⑨ $1\times9=$ □ (一九(いんく)が)

2 つぎの 計算(けいさん)を しましょう。

1つ5点【30点】

① $1 \times 2 =$ □

② $1 \times 7 =$ □

③ $1 \times 3 =$ □

④ $1 \times 6 =$ □

⑤ $1 \times 1 =$ □

⑥ $1 \times 9 =$ □

3 うさぎは 1日に 1まいの 食(しょく)パンを 食(た)べます。9日間(ここのかかん)では，うさぎは 何(なん)まいの 食パンを 食べますか。

しき15点・答え10点【25点】

しき

答え　　　　まい

ちいかわたちは，ほうきで 大きい とうばつを した ことが ある。

答え→80ページ

30 かけ算の 九九の れんしゅう

とく点 点

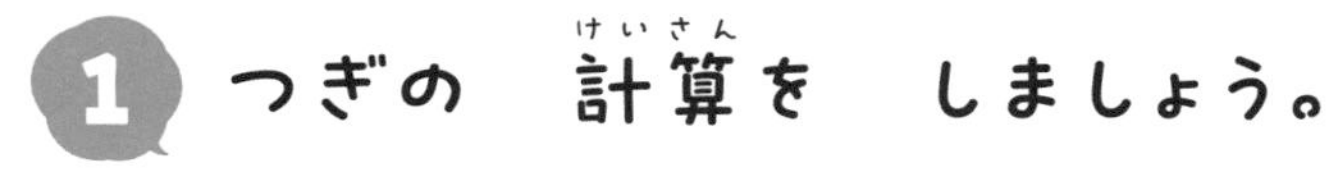

1 つぎの 計算(けいさん)を しましょう。 1つ5点【60点】

① $4 \times 5 =$ □

② $2 \times 4 =$ □

③ $3 \times 9 =$ □

④ $5 \times 3 =$ □

⑤ $2 \times 7 =$ □

⑥ $1 \times 9 =$ □

⑦ $7 \times 6 =$ □

⑧ $8 \times 1 =$ □

⑨ $6 \times 3 =$ □

⑩ $9 \times 9 =$ □

⑪ $8 \times 7 =$ □

⑫ $6 \times 8 =$ □

2 答えが　同じ　ものを　線で　つなぎましょう。　【15点】

5×7	・　　・	4×3
2×6	・　　・	9×2
6×3	・　　・	7×5

3 ふりかけを　たてに　8まい，
よこに　5まいずつ
ならべました。
ふりかけは　ぜんぶで
何まいですか。

しき15点・答え10点【25点】

しき

答え　　　　まい

うさぎは　魚の　つかみどりが　とくい。

答え→80ページ

テスト まとめの テスト

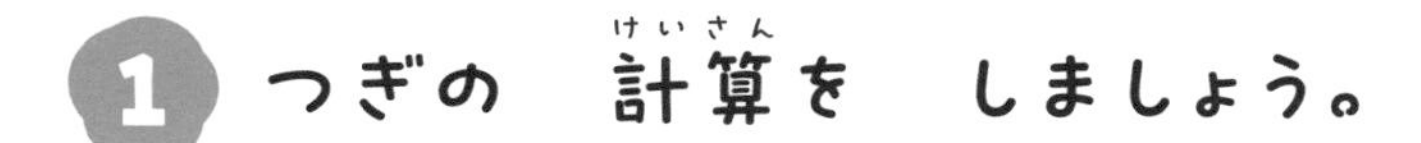

1 つぎの 計算を しましょう。

1つ6点【30点】

① $\begin{array}{r} 216 \\ +\ 38 \\ \hline \end{array}$

② $\begin{array}{r} 102 \\ +\ 78 \\ \hline \end{array}$

③ $\begin{array}{r} 462 \\ +\ 29 \\ \hline \end{array}$

④ $\begin{array}{r} 362 \\ -\ 58 \\ \hline \end{array}$

⑤ $\begin{array}{r} 690 \\ -\ 19 \\ \hline \end{array}$

2 つぎの 計算を ひっ算で しましょう。

1つ6点【36点】

① 569＋28

② 117＋37

③ 305＋86

④ 355－17

⑤ 171－68

⑥ 742－19

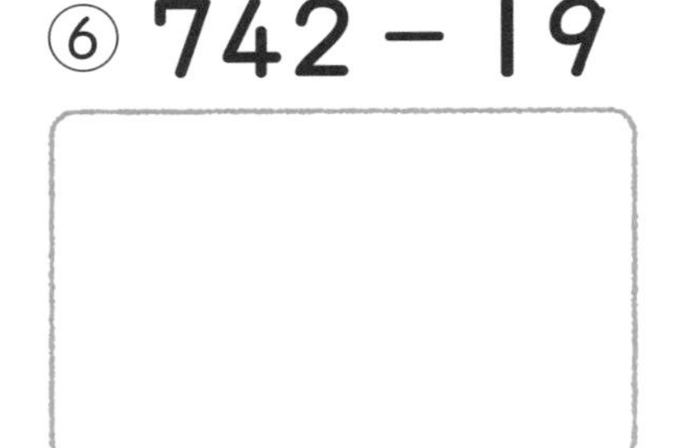

3 つぎの 計算(けいさん)を しましょう。

1つ2点【34点】

① 7 × 4 = □

② 1 × 5 = □

③ 5 × 6 = □

④ 9 × 9 = □

⑤ 3 × 9 = □

⑥ 2 × 6 = □

⑦ 4 × 4 = □

⑧ 8 × 7 = □

⑨ 2 × 8 = □

⑩ 1 × 2 = □

⑪ 6 × 4 = □

⑫ 9 × 3 = □

⑬ 7 × 6 = □

⑭ 3 × 5 = □

⑮ 4 × 8 = □

⑯ 8 × 9 = □

⑰ 6 × 7 = □

答え→80ページ

答えとアドバイス

★おうちの 方と 答え合わせを しましょう！

1 たし算の ひっ算① P.5

❶ （左から順に） 8，5

❷ ①78 ②96 ③87 ④85 ⑤29

❸ ①79 ②98 ③87 ④67 ⑤49

❹ ① $12+16=28$ ② $28+41=69$ ③ $34+23=57$ ④ $85+4=89$ ⑤ $5+92=97$

アドバイス ❹くり上がりのないたし算の筆算です。筆算は位を揃えて書き，一の位から順に計算することを身につけさせましょう。

2 たし算の ひっ算② P.7

❶ （左から順に） 2，6

❷ ①75 ②91 ③70 ④74 ⑤60

❸ ①71 ②69 ③90 ④51 ⑤85

❹ ① $56+35=91$ ② $28+40=68$ ③ $16+64=80$ ④ $37+7=44$ ⑤ $8+73=81$

アドバイス ❷❶の筆算のしかたを参考にして，くり上がりに注意して計算させましょう。
❹筆算は位を揃えて書き，くり返し練習をさせましょう。

3 たし算の ひっ算の れんしゅう① P.9

❶ ①69 ②37 ③81 ④80 ⑤81

❷ ①99 ②54 ③75 ④76 ⑤82

❸ ① $33+14=47$ ② $27+48=75$ ③ $17+60=77$ ④ $31+9=40$ ⑤ $8+52=60$

❹ （しき） 45+26＝71

（答え） 71こ

アドバイス ❹文章題は，絵や図をかいて，たし算を使えばよいことを理解させましょう。

4 ひき算の ひっ算① P.11

❶ （左から順に） 6，2

❷ ①12 ②31 ③20 ④4 ⑤60

❸ ①27 ②30 ③3 ④73 ⑤90

❹ ① $75-33=42$ ② $64-14=50$ ③ $29-27=2$ ④ $49-6=43$ ⑤ $77-7=70$

アドバイス ❹くり下がりのないひき算の筆算です。たし算と同じように，筆算は位を揃えて書き，一の位から順に計算することを身につけさせましょう。

5 ひき算の　ひっ算② P.13

1 （左から順に）　5，2

2 ① 46　② 17　③ 7　④ 38　⑤ 28

3 ① 49　② 26　③ 5　④ 54　⑤ 43

4 ① 71−28=43　② 70−39=31　③ 83−76=7　④ 31−6=25　⑤ 60−8=52

アドバイス　4筆算は位を揃えて書き，十の位からくり下げる計算の練習をさせましょう。

6 ひき算の　ひっ算の れんしゅう① P.15

1 ① 32　② 34　③ 16　④ 34　⑤ 74

2 ① 5　② 40　③ 48　④ 9　⑤ 47

3 ① 81−58=23　② 83−43=40　③ 56−29=27　④ 40−34=6　⑤ 74−5=69

4 （しき）　30−8＝22

（答え）　22円

アドバイス　1～3どんなパターンの計算が苦手かを確認して，類題をたくさん解かせるようにしましょう。

4文章題は，絵や図をかいて，ひき算を使えばよいことを理解させましょう。

ごほうび① 計算めいろと　計算パズル P.17

1

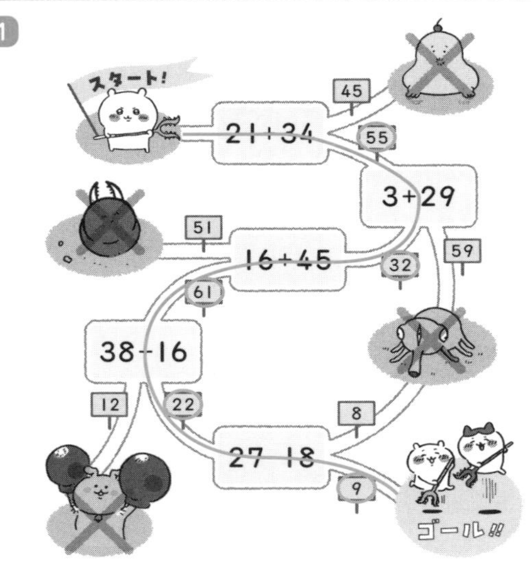

2 ながれぼし

7 何十，何百の　たし算 P.19

1 （左から順に）　110，110

2 （左から順に）　700，700

3 ① 110　② 120　③ 130　④ 700　⑤ 800　⑥ 400　⑦ 1000　⑧ 1000

4 （しき）　80+30＝110

（答え）　110まい

アドバイス　3間違えた問題は，1，2のように，10円玉や100円玉を使って考えさせましょう。

4ものや数字を変えて，何十，何百のたし算を使ったいろいろな文章題に挑戦させましょう。

8 何十，何百の　ひき算　P.21

❶（左から順に）　80，80

❷（左から順に）　500，500

❸ ① 90　② 80　③ 80
　④ 200　⑤ 500　⑥ 200
　⑦ 700　⑧ 200

❹（しき）　600－300＝300
（答え）　300円

アドバイス　❸間違えた問題は，❶，❷のように，10円玉や100円玉を使って考えさせましょう。
❹買うものや値段を変えて，何十，何百のひき算を使ったいろいろな文章題に挑戦させましょう。

9 何十，何百の たし算と　ひき算　P.23

❶ ① 130　② 160　③ 700
　④ 900　⑤ 1000

❷ ① 60　② 200　③ 300
　④ 900　⑤ 400

❸（しき）　800+200＝1000
（答え）　1000こ

❹（しき）　160－70＝90
（答え）　90つぶ

アドバイス　❶，❷100が10個で1000になることが理解できているか，確認しましょう。
❸，❹「ぜんぶで」「のこりは」などの言葉に注目して，たし算を使うのかひき算を使うのかを考えさせましょう。

10 たし算の　ひっ算③　P.25

❶（左から順に）　7，1，2

❷ ① 128　② 137　③ 119
　④ 107　⑤ 109

❸ ① 138　② 149　③ 142
　④ 109　⑤ 107

❹（しき）　50+84＝134
（答え）　134cm

アドバイス　❸筆算は位を揃えて書き，百の位にくり上げる計算の練習をさせましょう。

11 たし算の　ひっ算④　P.27

❶（左から順に）　3，1，4

❷ ① 141　② 110　③ 102
　④ 104　⑤ 104

❸ ① 152　② 112　③ 105
　④ 100　⑤ 105

❹（しき）　25+76＝101
（答え）　101まい

アドバイス　❸十の位にも百の位にもくり上がりのあるたし算の筆算です。筆算は位を揃えて書き，くり上がりを忘れないように，小さく「1」を書く習慣をつけさせましょう。

12 たし算の　ひっ算の れんしゅう② P.29

❶ ① 125　② 128　③ 115
④ 101　⑤ 103

❷ ① 107　② 108　③ 161
④ 100　⑤ 103

❸ （しき）　37+85＝122
（答え）　122こ

❹ （しき）　56+58＝114
（答え）　114mL

アドバイス　❶，❷どんなパターンの計算が苦手かを確認して，間違えた問題の類題を解かせるようにしましょう。
❸，❹「ぜんぶで」「合わせて」などの言葉に注目して，たし算を使うことを理解させましょう。

ごほうび② 計算パズル P.31

❶

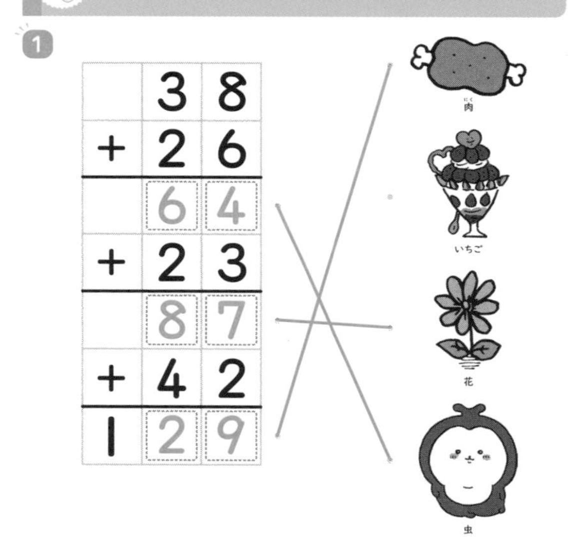

❷ ハチワレ

13 ひき算の　ひっ算③ P.33

❶ （左から順に）　6，8

❷ ① 42　② 94　③ 80
④ 32　⑤ 11

❸ ① 82　② 61　③ 90
④ 80　⑤ 25

❹ （しき）　155−62＝93
（答え）　93こ

アドバイス　❸筆算は位を揃えて書き，百の位からくり下げる計算の練習をさせましょう。
❹文章題は，絵や図をかいて，ひき算を使えばよいことを理解させましょう。

14 ひき算の　ひっ算④ P.35

❶ （左から順に）　8，6

❷ ① 64　② 77　③ 69
④ 98　⑤ 99

❸ （左から順に）　7，4

❹ ① 66　② 7　③ 99
④ 54　⑤ 96

アドバイス　❷，❹百の位からも十の位からもくり下がりのあるひき算の筆算です。筆算は位を揃えて書き，くり下がりを忘れないように，ひかれる数に斜線をひく習慣をつけさせましょう。

15 ひき算の　ひっ算の れんしゅう② P.37

❶ ① 74　② 50　③ 83
④ 94　⑤ 59

❷ ① 87　② 86　③ 98
④ 94　⑤ 57

❸ （しき）　126－56＝70
（答え）　70こ

❹ （しき）　103－64＝39
（答え）　39mL

アドバイス　❶，❷どんなパターンの計算が苦手かを確認して，間違えた問題の類題を解かせるようにしましょう。
❸，❹文章題は，「のこりは」などの言葉に注目したり，絵や図をかいたりして，ひき算を使えばよいことを理解させましょう。

16 大きい　数の　たし算 P.39

❶ （左から順に）　3，6，8

❷ ① 891　② 684　③ 161
④ 471　⑤ 340

❸
① $\begin{array}{r} 313 \\ +\ 18 \\ \hline 331 \end{array}$　② $\begin{array}{r} 149 \\ +\ 47 \\ \hline 196 \end{array}$　③ $\begin{array}{r} 435 \\ +\ 56 \\ \hline 491 \end{array}$

④ $\begin{array}{r} 849 \\ +\ 29 \\ \hline 878 \end{array}$　⑤ $\begin{array}{r} 206 \\ +\ 84 \\ \hline 290 \end{array}$

❹ （しき）　515+26＝541
（答え）　541まい

アドバイス　❸3桁+2桁の筆算です。筆算は位を揃えて書き，一の位から順に計算することを身につけさせましょう。
❹ちいかわがハチワレからカードをもらったので，たし算の式に表します。十の位にくり上がりのあるたし算なので，計算ミスをしないように注意させましょう。

17 大きい　数の　ひき算 P.41

❶ （左から順に）　8，8，1

❷ ① 358　② 728　③ 434
④ 104　⑤ 419

❸
① $\begin{array}{r} 996 \\ -\ 68 \\ \hline 928 \end{array}$　② $\begin{array}{r} 564 \\ -\ 49 \\ \hline 515 \end{array}$　③ $\begin{array}{r} 283 \\ -\ 35 \\ \hline 248 \end{array}$

④ $\begin{array}{r} 752 \\ -\ 23 \\ \hline 729 \end{array}$　⑤ $\begin{array}{r} 460 \\ -\ 18 \\ \hline 442 \end{array}$

❹ （しき）　592－34＝558
（答え）　558円

アドバイス　❸3桁－2桁の筆算です。筆算は位を揃えて書き，一の位から順に計算することを身につけさせましょう。
❹残りの金額を求めるので，ひき算の式に表します。十の位からくり下がりのあるひき算なので，気を付けて計算するよう声をかけてあげてください。

18 大きい　数の たし算と　ひき算 P.43

❶ ① 891　② 295　③ 970
④ 932　⑤ 437

❷
① $\begin{array}{r} 124 \\ +\ 39 \\ \hline 163 \end{array}$　② $\begin{array}{r} 944 \\ +\ 38 \\ \hline 982 \end{array}$　③ $\begin{array}{r} 895 \\ -\ 16 \\ \hline 879 \end{array}$

④ $\begin{array}{r} 763 \\ -\ 55 \\ \hline 708 \end{array}$　⑤ $\begin{array}{r} 180 \\ -\ 32 \\ \hline 148 \end{array}$

❸ （しき）　125+68＝193
（答え）　193本

❹ （しき）　587－49＝538
（答え）　538mL

アドバイス　❹2つの数のちがいは，（大きい数）－（小さい数）で求められることを理解させましょう。

19 3つの　数の　計算 P.45

P.45

❶ ①（上から順に）33，37，33，37
②（上から順に）10，37，10，37

❷ ①59　②47　③56
④28　⑤47　⑥44
⑦59　⑧64

アドバイス　❷3つの数のたし算です。どの2数を先に計算したら計算が簡単になるかを考えさせましょう。
④ 6+4を先に計算します。
18+(6+4)＝18+10＝28
⑧ 14と21を入れかえて計算します。
29+14+21＝29+21+14
＝50+14＝64

20 かけ算の　九九

P.47

❶（上から順に）5，3，15，5，3，15

❷ ①（しき）　3×4＝12
（答え）　12こ
②（しき）　2×5＝10
（答え）　10こ

❸ ①（しき）　4×7＝28
（答え）　28本
②（しき）　8×5＝40
（答え）　40まい
③（しき）　6×3＝18
（答え）　18cm

❹ ①（しき）　2×6＝12
（答え）　12こ
②（しき）　5×9＝45
（答え）　45本
③（しき）　7×3＝21
（答え）　21L

アドバイス　❹何倍かするときも，かけ算の式で表せることを教えましょう。

21 5のだんの　九九

P.49

❶ ①5　②10　③15
④20　⑤25　⑥30
⑦35　⑧40　⑨45

❷ ①10　②35　③40
④20　⑤25　⑥45

❸（しき）　5×6＝30
（答え）　30円

アドバイス　❶5の段の九九は，かける数が1増えるごとに，答えが5ずつ増えることに気付かせましょう。

22 2のだんの　九九

P.51

❶ ①2　②4　③6
④8　⑤10　⑥12
⑦14　⑧16　⑨18

❷ ①16　②6　③2
④10　⑤12　⑥8

❸（しき）　2×9＝18
（答え）　18かん

アドバイス　❶九九は毎回計算するより覚えてしまった方が便利なことを伝え，言い方も含めて繰り返し練習し，覚えさせましょう。

23 3のだんの　九九

P.53

❶ ①3　②6　③9
④12　⑤15　⑥18
⑦21　⑧24　⑨27

❷ ①12　②6　③27
④15　⑤9　⑥21

❸（しき）　3×6＝18
（答え）　18はい

アドバイス　❷覚えた九九を使って答えを書けているか，確認しましょう。もし暗唱できないようなら，何度も練習させましょう。

24 4のだんの　九九　P.55

❶ ①4　②8　③12
④16　⑤20　⑥24
⑦28　⑧32　⑨36

❷ ①8　②24　③32
④4　⑤12　⑥36

❸ （しき）　4×5＝20
（答え）　20こ

アドバイス　❸4が5つで20をかけ算の式で表すと，4×5＝20です。5×4＝20との違いを考えさせましょう。

25 6のだんの　九九　P.57

❶ ①6　②12　③18
④24　⑤30　⑥36
⑦42　⑧48　⑨54

❷ ①30　②12　③48
④18　⑤36　⑥54

❸ （しき）　6×7＝42
（答え）　42cm

アドバイス　❶かけられる数が大きくなると，覚えるのが大変になってきます。根気よく練習させましょう。

ごほうび③ 計算パズル　P.59

❶

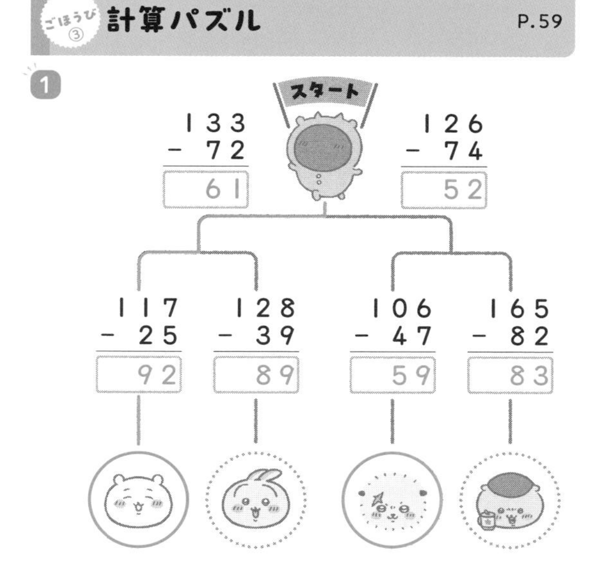

❷ モモンガ

26 7のだんの　九九　P.61

❶ ①7　②14　③21
④28　⑤35　⑥42
⑦49　⑧56　⑨63

❷ ①21　②49　③7
④28　⑤63　⑥56

❸ （しき）　7×5＝35
（答え）　35こ

アドバイス　❶かけられる数とかける数を入れかえても答えは同じということに気付かせましょう。

27 8のだんの　九九　P.63

❶ ①8　②16　③24
④32　⑤40　⑥48
⑦56　⑧64　⑨72

❷ ①40　②16　③64
④32　⑤72　⑥48

❸ （しき）　8×3＝24
（答え）　24本

アドバイス　❸8本ずつ3はこ分あるので，式は「8×3」となります。

28 9のだんの　九九　P.65

❶ ①9　②18　③27
④36　⑤45　⑥54
⑦63　⑧72　⑨81

❷ ①27　②45　③81
④72　⑤54　⑥36

❸ （しき）　9×7＝63
（答え）　63こ

アドバイス　❸九九の文章題に慣れてきたら，9×7＝63で表せる，いろいろな文章題を作らせてみましょう。

29 1のだんの　九九　P.67

❶ ①1　②2　③3
④4　⑤5　⑥6
⑦7　⑧8　⑨9

❷ ①2　②7　③3
④6　⑤1　⑥9

❸ （しき）　1×9＝9
（答え）　9まい

アドバイス　❶1の段の九九の答えは，かける数と同じになることを確認しましょう。
❸式は，「1日分の数」×「何日分」より，1×9と表すことができます。

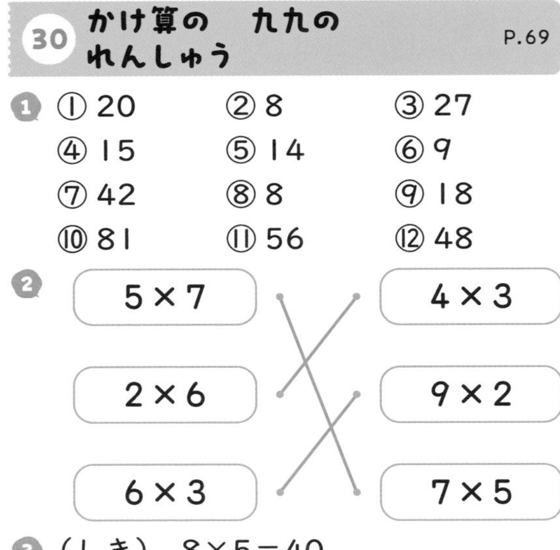

30 かけ算の　九九の　れんしゅう　P.69

❶ ①20　②8　③27
④15　⑤14　⑥9
⑦42　⑧8　⑨18
⑩81　⑪56　⑫48

❷

❸ （しき）　8×5＝40
（答え）　40まい

アドバイス　❷かけられる数とかける数を入れかえたもの以外にも，答えが同じになる九九があります。九九の表を見て，答えが同じになるものを確認させましょう。

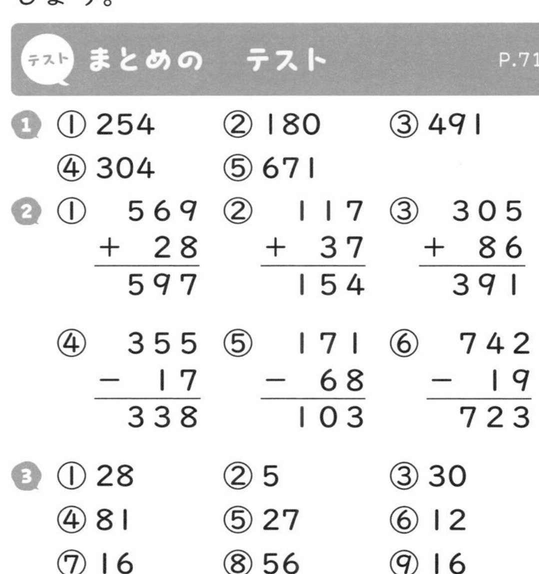

テスト　まとめの　テスト　P.71

❶ ①254　②180　③491
④304　⑤671

❷ ① $569 + 28 = 597$　② $117 + 37 = 154$　③ $305 + 86 = 391$
④ $355 - 17 = 338$　⑤ $171 - 68 = 103$　⑥ $742 - 19 = 723$

❸ ①28　②5　③30
④81　⑤27　⑥12
⑦16　⑧56　⑨16
⑩2　⑪24　⑫27
⑬42　⑭15　⑮32
⑯72　⑰42

アドバイス　❸1の段から9の段までの九九を，復習させましょう。